大众

家常菜

白绍平◎编著

河北出版传媒集团

河北科学技术出版社

图书在版编目（CIP）数据

大众家常菜 / 白绍平编著 . -- 石家庄：河北科学
技术出版社，2016.4
ISBN 978-7-5375-8294-0

Ⅰ . ①大… Ⅱ . ①白… Ⅲ . ①家常菜肴—菜谱 Ⅳ .
① TS972.12

中国版本图书馆 CIP 数据核字（2016）第 056686 号

大众家常菜

白绍平　编著

出版发行	河北出版传媒集团　河北科学技术出版社	
地　　址	石家庄市友谊北大街 330 号　（邮编：050061）	
印　　刷	三河市明华印务有限公司	
经　　销	新华书店	
开　　本	710×1000　1/16	
印　　张	10	
字　　数	150 千字	
版　　次	2016 年 5 月第 1 版	
	2016 年 5 月第 1 次印刷	
定　　价	32.80 元	

前　言

　　随着时代的进步，人们对生活品质的要求越来越高，吃、穿、住、行概莫能外。日常饮食与人体的健康状况息息相关，人们已开始重视食品种类和营养的搭配。如今，食品安全问题也受到普遍关注，为了饮食健康，许多人更青睐以自己烹饪的方式来表达对家人的关爱。自己烹制美食，不仅可以维护健康，也能提升家人之间的融合度，提高家庭生活的幸福和美满指数。

　　为了让大家在烹饪时能有据可依，以便更轻松地制作出受家人欢迎的美食，同时充分享受烹饪的乐趣，我们特意编写了这套菜谱。为满足各类人群、各个年龄段对饮食的不同需求，适合个人口味偏好，本套菜谱编写范围较广，包含家常菜、小炒、私房菜、特色菜、川菜、湘菜、东北菜、火锅、主食、汤煲等，不一而足，希望能够满足各类读者对于美食的独特需求。

　　我们力求让读者一读就懂，一学就会，一做便成功。书中详尽介绍了食物制作所需的主料与配料，并对操作步骤进行了细致地讲解，同时关于操作过程中需要注意的事项也重点阐述。即便您从来没有下过厨房，也可以在菜谱的帮助下制作出美味可口的菜品。

　　在教您烹饪的基础上，我们对食材与菜品的营养成分进行了解析，以帮助您选择适合家人营养需求与口味的菜肴。希望可以让您吃得健康、吃得明白。

另外，我们为每道菜都配有精美的图片，在掌握制作方法的同时，给您带来一场视觉上饕餮盛宴。看着令人垂涎欲滴的图片，想必您一定能胃口大开，在享受美食的同时，体会到烹饪带给您的巨大乐趣。

　　美味的食物不仅可以给您带来味蕾上的满足感，更重要的是每一种食物都蕴藏着养生的智慧。希望在您享受美食的过程中，您的体质与生活质量都能得到更好的改变。

　　在这套菜谱的编写过程中，我们请教了烹饪大师、营养师等相关人士，他们给予了我们极大的帮助，在此表示深深的谢意。然而，我们的水平有限，书中难免出现疏漏之处，敬请读者指正。在此一并表示感谢！

目 录
CONTENTS

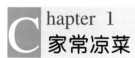

Chapter 1
家常凉菜 · 001

Chapter 2
家常小炒 · 019

Chapter 3
家常烧炖

Chapter 4
家常蒸菜 ……………………………………………………… 077

Chapter 5
家常汤煲 ……………………………………………………… 109

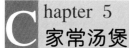

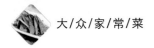

Chapter 6
家常粥羹 127

家常凉菜

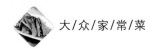

金针菇拌黄花菜

主 料 金针菇 100 克，干黄花菜 50 克

配 料 花椒 8 粒，植物油、精盐、鸡精、
醋、生抽、干辣椒末各适量

·操作步骤·

① 金针菇处理干净，撕散；干黄花菜洗净
泡发；将金针菇和黄花菜倒入锅中焯水
烫熟，捞出用凉水冲一下。

② 用精盐、鸡精、醋、生抽调成调味汁，
浇在金针菇和黄花菜上面搅匀。

③ 锅中热油，下花椒、干辣椒末爆香，然
后浇在金针菇和黄花菜上即可。

·营养贴士· 金针菇是高钾低钠食品，可防
治高血压，对老年人也有益。

怪味腰果

主 料 腰果 300 克

配 料 白糖 100 克，辣椒粉 10 克，花椒粉、
五香粉各 5 克，盐 3 克，味精 2 克

·操作步骤·

① 腰果放温油锅中炸熟，用漏勺捞出冷却。

② 净锅中加入白糖及少量水，熬至黏稠时
加入辣椒粉、花椒粉、五香粉、盐、味
精搅拌均匀。

③ 把熟腰果倒入锅中，裹上调料，出锅冷
却即可。

·营养贴士· 腰果含丰富的维生素 A，是优
良的抗氧化剂，能使皮肤有光
泽、气色变好。

香椿拌白肉

主料 五花肉 300 克，香椿芽 200 克

配料 胡椒粒、蒜泥、姜片、生抽、香醋、白糖、料酒、盐各适量

·操作步骤·

① 锅里水烧开，放入整块五花肉、姜片、胡椒粒、料酒、盐一起煮 15 分钟左右。

② 将煮好的五花肉切成薄片；香椿芽切小段，用开水烫一下。

③ 将蒜泥、生抽、香醋、白糖调成汁，浇到肉片、香椿芽上拌匀即可。

·营养贴士· 香椿芽含有丰富的钙、磷、铁和 B 族维生素等营养物质。

·操作要领· 五花肉经过沸水氽烫，可以去除肉上的血水、黏液、杂质、腥味，也可以将多余的油脂一并去除，这样的五花肉吃起来不油腻。

红油口条

主料 猪舌头 1 个

配料 精盐、味精、酱油、葱段、姜片、蒜瓣、八角、食用油、辣椒油、香油、花椒、葱花各适量

·操作步骤·

① 将猪舌洗净，投入开水锅中煮 10 分钟左右取出，用刀把舌上白皮（舌苔）刮去。

② 锅置火上，倒入食用油烧热，加精盐、酱油、葱段、姜片、蒜瓣，放入八角、花椒（装入布袋扎好），加水烧开后，撇去浮沫，再煮 20 分钟左右，烧出香味后，把洗净的猪舌下入烧开，改用小火，加盖卤煮约 30 分钟，卤至猪舌软嫩入味。

③ 取出晾凉，切片，放在盘中，将辣椒油、酱油、香油、精盐、味精调和在一起，浇在猪舌上拌匀，撒上葱花即可。

·营养贴士· 猪舌含有丰富的蛋白质、维生素 A、烟酸、铁、硒等营养元素，有滋阴润燥的功效。

折耳根拌肚丝

主料 折耳根 150 克，肚丝适量

配料 凉拌汁、藤椒油、辣椒油、精盐各适量

·操作步骤·

① 将折耳根的老根、须掐去，洗去泥沙，用冷水浸泡 10 分钟，捞出控干水分，用手掐成小段待用；肚丝下锅焯水，晾凉待用。

② 将辣椒油、凉拌汁、藤椒油和适量的精盐拌匀调成料汁。

③ 折耳根和肚丝装入干净的容器，将调好的料汁倒在折耳根、肚丝上拌匀即可。

·营养贴士· 此菜具有抗菌、抗病毒、提高机体免疫力、利尿等作用。

九味白肉

主料▶ 五花肉 500 克，
菠菜 100 克

配料▶ 小葱、姜各 15 克，
大蒜 5 克，料酒
10 克，精盐 6 克，
味精、花椒粉各 3
克，酱油、香油、
陈醋各 5 克，白
芝麻少许

·操作步骤·

① 葱、姜均一半切片，一半切末；大蒜捣
成泥备用。

② 五花肉入沸水中煮烫，捞入凉水中漂洗；
清水、葱片、姜片、料酒放入锅中煮沸，
放入五花肉，小火煮熟，锅离火，加精盐，
将肉浸泡入味。

③ 取一小盆，将蒜泥、姜末、葱末、精盐、
味精、花椒粉、酱油、香油、陈醋、凉
开水放入盆中，调制成九味汁。

④ 将煮熟的五花肉从汤中捞出，控净水，

切成大薄片，整齐地码放盘中，菠菜氽
水捞出，摆放在肉片上，将调好的九味
汁浇在肉片上，撒上白芝麻即成。

·营养贴士· 菠菜维生素含量丰富，具有
通血脉、开胸膈、下气调中、
止渴润燥的功效。

·操作要领· 葱末、姜末包起来，用力挤
压调成九味汁，有用其味
不见其料的效果。

白切猪肚

主料 猪肚 500 克，彩椒 3 个

配料 姜 1 块，胡萝卜丝、香菜段、姜丝、葱白丝、葱结、黄酒、米醋、明矾、酱油、河南麻油各适量

·操作步骤·

① 猪肚洗净余水后捞出，用刀刮去白衣，再放入明矾和米醋擦透，放在清水中洗净。

② 清水烧沸，放入猪肚烧滚，加入黄酒、姜块、葱结继续烧，直到猪肚八成熟时取出，用刀沿猪肚长的方向剖开，平摊在盆子里并在其上面用重物压住，使猪肚平整，待其自然冷却。

③ 把彩椒切丝，和胡萝卜丝、葱白丝、姜丝一起衬底，猪肚切厚片，淋上酱油和河南麻油，撒上香菜段即可。

·营养贴士· 此菜益胃健脾、止泻消渴、助气壮力。

卤猪肝

主料 猪肝 500 克

配料 料酒 20 克，味精 5 克，葱段 20 克，姜片 10 片，酱油 50 克，香料包（花椒、大料、丁香、小茴香、桂皮、陈皮、草果各适量）1 个，精盐适量

·操作步骤·

① 猪肝洗净下锅，加水、葱段、姜片煮开，倒掉锅内的水，用凉水洗净猪肝。

② 锅内放入清水，加入精盐、味精、料酒、酱油，再放入香料包，旺火烧沸煮 5 分钟，放入猪肝，炖 40 分钟之后关火。

③ 让猪肝继续泡在汤中，泡时间久一点，切片装盘即可。

·营养贴士· 本菜具有补血功效，可调节和改善贫血患者造血系统的生理功能。

椒麻猪肝

主 料 猪肝 300 克

配 料 蒜汁 10 克，葱 10 克，精盐 10 克，麻油、红油、米酒各 5 克，糖 5 克，黑椒粉 3 克，醋 3 克，植物油适量

·操作步骤·

① 葱洗净切末备用；锅中倒入适量的水烧开，放入猪肝，煮熟后捞出，晾凉后切片摆盘备用。

② 炒锅中加植物油、麻油、蒜汁、红油、精盐、醋、糖、米酒，用小火翻炒，放入黑椒粉和葱末制成调味汁。

③ 将调味汁倒入猪肝上，拌匀即可。

·营养贴士· 猪肝含有丰富的维生素 A，能保护眼睛，保持正常视力，防止眼睛干涩、疲劳。

·操作要领· 猪肝一定要完全煮熟，以去除猪肝中的毒素、病菌、寄生虫卵。

炝拌牛肉

主料 ▶ 牛肉（瘦）200 克

配料 ▶ 黄瓜、洋葱、红椒、青椒各 50 克，
香芹 20 克，花椒 10 克，精盐 3 克，
味精 2 克，醋、香油各 5 克，胡椒
粉 1 克

· 操作步骤 ·

① 将牛肉煮熟切丝；黄瓜、洋葱、红椒、
青椒分别切成与牛肉一样长短的细丝；
香芹切成和牛肉丝一样长的段备用。

② 花椒用香油炸出花椒油，将牛肉丝、黄
瓜丝、洋葱丝、红椒丝、青椒丝和香芹
段加精盐、味精、醋、香油、胡椒粉拌匀，
浇上热花椒油即可。

· 营养贴士 · 牛肉富含蛋白质，氨基酸组成
比猪肉更接近人体需要，能提
高机体抗病能力。

过桥百叶

主料 ▶ 水发牛百叶 300 克

配料 ▶ 蒜泥 10 克，香油、花椒油各 3 克，
味精 3 克，鸡精 5 克，生抽 5 克，
红油 20 克，白糖、白芝麻、自制
特色香辣酱、高汤各适量

· 操作步骤 ·

① 将水发牛百叶改刀成大片，下入开水锅
内汆水后，放入冰水中凉透控水，均匀
地放置碗中。

② 取调味碗一只，将所有调料均匀地调制
完毕，吃时撒在百叶上面即可。

· 营养贴士 · 牛百叶具有补中益气、养脾胃
的功效。

腐乳拌腰丝

主 料 猪腰 150 克

配 料 金针菇、豆腐丝各 50 克，酱油 15 克，北京腐乳 10 克，料酒、醋各 10 克，精盐 3 克，姜、蒜各 5 克，胡椒粉 2 克，葱、白芝麻各少许

·操作步骤·

① 腰子撕去皮膜，从中剖成两片，除净腰臊，再片成薄片，顺着腰身的长度切成细丝，放入沸水中，待其伸展开、颜色变白时立即捞出，沥干水分。

② 金针菇切掉根部撕开备用；葱、姜、蒜切成末。

③ 将腰丝放在容器内，加精盐、料酒、酱油拌匀，金针菇用沸水汆过，沥水后装入另一容器内，放入豆腐丝，加精盐、料酒、酱油、醋搅拌均匀，装在盘内。

④ 拌好的腰丝盖在上面，放葱末、蒜末、姜末、胡椒粉，加腐乳拌匀，撒上少许白芝麻即可。

·营养贴士· 猪腰具有补肾气、通膀胱、消积滞、止消渴的功效。

·操作要领· 腰丝不要汆得太老，以免失去脆感。

香菜拌羊脸

主料 羊脸 300 克

配料 京葱 30 克，香菜 50 克，盐、味精、蒜末、米醋、香油各适量

·操作步骤·

① 羊脸煮熟，改刀切成片状。

② 京葱切丝；香菜切段。

③ 将羊脸片、京葱丝、香菜段入容器，加盐、味精、蒜末、米醋、香油拌匀，装盘即可。

·营养贴士· 羊脸含有很高的蛋白质和丰富的维生素，且性温热，肢寒畏冷的人可以多吃。

麻辣毛肚

主料 毛肚 500 克，莴笋 200 克

配料 姜、蒜各少许，辣椒油、麻椒、精盐各适量

·操作步骤·

① 毛肚洗净后用开水焯熟，晾凉后切成片；姜、蒜切成末；莴笋用开水焯熟后切成片摆在盘底。

② 锅烧热放辣椒油、麻椒、姜末、蒜末炸香，倒入碗里。

③ 将毛肚片放在盛调料的碗里，加入精盐，一起搅拌均匀后倒在莴笋片上即可。

·营养贴士· 此菜具有补气养血、补虚益精的功效。

白萝卜拌鸡丝

主 料 ▶ 鸡胸脯肉 200 克，白萝卜 1 个

配 料 ▶ 葱 10 克，蒜 2 瓣，姜 2 片，香菜 5 克，料酒、生抽、精盐、香醋、白糖各适量

·操作步骤·

① 将鸡胸肉脯清洗干净；葱切段；蒜切末；锅里放水，把鸡肉和葱段、姜片、蒜末放进锅里大火煮开，添加料酒去腥，继续用中火煮 5 分钟左右，至鸡肉熟透后捞出晾凉，手撕成条。

② 白萝卜洗净切丝；香菜洗净切段；将白萝卜丝、香菜段和鸡丝混合，添加精盐、白糖、生抽和香醋拌匀即可。

·营养贴士· 白萝卜中含有丰富的维生素 A、维生素 C 等各种维生素，能防止皮肤的老化，阻止黑色色斑的形成，保持皮肤的白嫩。

·操作要领· 最后加入白糖和香醋，鸡肉更加鲜美，口感也更好。

椒麻鸡块

主料 鸡肉 1000 克

配料 葱白段 20 克，花椒粉、食盐各 10 克，香油 8 克，鸡精 2 克，姜片 5 克，酱油、葱花各适量

·操作步骤·

① 鸡肉洗净放入锅内，加入水、姜片、葱白，煮至鸡刚熟时捞起晾凉，剁成长约 4 厘米、宽 1 厘米的条块，盛于碗内。

② 花椒粉、葱花、食盐、酱油、鸡精、香油调成椒麻汁，淋在鸡块上，拌匀上碟即可。

·营养贴士· 鸡肉中蛋白质的含量比例较高，且消化率高，很容易被人体吸收利用。

山椒拌鸡胗

主料 鸡胗 200 克，泡山椒 100 克

配料 大料、桂皮、香叶、姜、食盐各适量

·操作步骤·

① 鸡胗处理干净，用清水浸泡 2 小时，洗净后焯水，切成片状；姜切末。

② 砂锅中添入足够的清水，放入香叶、大料、桂皮、姜末，加入适量食盐，放入焯过水的鸡胗，大火煮沸后盖上盖，用小火煮 10 分钟后关火，让汤汁自然冷却。

③ 把冷好的鸡胗捞出放入准备好的干净容器里，倒入泡山椒及适量泡山椒的水，拌匀后腌渍 1 小时以上即可。

·营养贴士· 此菜有助于胃酸的分泌和食物的消化。

翡翠凤爪

主料 凤爪 200 克，青椒、红椒共 100 克

配料 蒜瓣、绍酒、卤汁、清汤、精盐、味精、青芥末各适量

·操作步骤·

① 将青椒、红椒去籽和蒂，洗净后切成三角形待用；蒜瓣去皮，拍成蒜泥；将凤爪洗净拆骨，沿脚趾切开。

② 净锅上火，放入凤爪、少量清汤、卤汁、绍酒，旺火烧沸，改用小火焖至凤爪熟烂，将蒜泥下锅，再下入精盐、味精调味。

③ 捞出凤爪冷凉后，装入盘内，边上围上青椒、红椒，上面放青芥末即成。

·营养贴士· 凤爪富含谷氨酸、胶原蛋白和钙质，多吃不但能软化血管，同时具有美容功效。

·操作要领· 凤爪要沸水入锅焯水，放入绍酒可以去腥。

手撕**鸭脯**

主料 熟鸭脯肉 300 克，白菜 200 克

配料 红椒 1 个，葱花、精盐、绍酒、味精、淀粉、白糖、酱油、鸡精、辣椒油、香油、料酒、姜片、食用油各适量

·操作步骤·

① 白菜洗净掰开，余水后捞出晾凉；熟鸭脯肉撕成细丝；红椒洗净切丝；精盐、绍酒、味精、辣椒油、淀粉、白糖、酱油、鸡精、香油、料酒、姜片、食用油调成芡汁备用。

② 将调好的芡汁淋在熟鸭脯肉和白菜上，拌匀，撒上红椒丝和葱花即可。

·营养贴士· 鸭肉富含 B 族维生素和维生素 E，能有效抵抗脚气病、神经炎和多种炎症，还能抗衰老。

芋丝**拌鸭肠**

主料 鸭肠 500 克，魔芋丝 200 克

配料 红椒 25 克，料酒 20 克，醋 10 克，辣椒油 15 克，葱 5 克，香油 5 克，精盐、味精各 3 克

·操作步骤·

① 先将鸭肠剖开，用清水冲洗干净；把洗好的鸭肠和魔芋丝下入开水中烫熟，鸭肠捞出后放入凉水盆中过凉，然后改刀切成段；将葱、红椒洗净，红椒切圈，葱切成葱花。

② 取一个干净的容器放入鸭肠段、魔芋丝、红椒圈和葱花，倒入醋、精盐、味精、辣椒油、料酒、香油等，一起调拌均匀，即可装盘。

·营养贴士· 鸭肠富含蛋白质、B 族维生素、维生素 C、维生素 A 和钙、铁等微量元素。

醋拌 木松鱼黄瓜

主 料 木松鱼干 150 克，黄瓜 1 根

配 料 白醋、食用盐、葱丝、味精、黑芝麻各适量

操作步骤

① 准备所需主材料。

② 黄瓜切片后放入碗中，加入食用盐搅拌均匀。

③ 将木松鱼干肉从鱼骨上撕下。

④ 将木松鱼干肉、葱丝、白醋、黑芝麻、味精放入盛黄瓜片的碗中，搅拌均匀后即可。

烹饪心得

营养贴士：木松鱼中含有丰富的谷氨酸钠，这种物质能够在一定程度上舒缓人类的疲劳，对恢复体力十分有帮助。

操作要领：木松鱼干肉尽量撕成细条状，这样更容易入味。

15

椒丝**拌海螺**

主　料 海螺肉 100 克

配　料 灯笼椒 50 克，香油 7 克，酱油、醋
各 5 克，黄酒 10 克，味精 2 克，香
菜 1 棵，葱白 1 段，姜 1 小块

· 操作步骤 ·

① 海螺肉洗净，切成薄片，放入开水锅内
煮一下，捞入凉开水内浸凉，装入盘内。

② 香菜洗净切段；葱白、姜、灯笼椒洗净
切丝待用。

③ 将酱油、醋、香油、味精、黄酒调成汁，
浇在海螺肉片上，放上香菜段、葱白丝、
姜丝、灯笼椒丝，拌匀即可。

· 营养贴士 · 海螺是典型的高蛋白、低脂
肪、高钙质的天然动物性保健
食品。

蕨菜**拌鱼皮**

主　料 鱼皮 200 克，蕨菜 100 克

配　料 青椒、红椒、豆芽各 30 克，白醋
15 克，食盐 3 克，鸡精 5 克，香油
5 克，花椒油 20 克，姜汁 10 克，
蒜末、生抽各少许

· 操作步骤 ·

① 鱼皮洗净，切成长 5 厘米的细条备用；
蕨菜洗净切段；青椒、红椒洗净切丝。

② 锅内放入沸水，放入鱼皮条大火余 40 秒，
取出后立即用凉水冲凉，蕨菜段和豆芽
焯水，投凉，沥干水分。

③ 将蒜末、白醋、食盐、鸡精、花椒油、香油、
姜汁、生抽调匀成汁，和蕨菜段、鱼皮条、
青椒丝、红椒丝、豆芽拌匀即可。

· 营养贴士 · 蕨菜中的纤维素有促进肠道蠕
动，减少肠胃对脂肪吸收的作
用。

脆笋拌虾仁

主 料 竹笋、虾仁各 100 克

配 料 胡萝卜 1 根，青椒 1 个，红尖椒 2 个，
精盐、白糖、白醋、味精、食用油、
香油、芥末各适量

·操作步骤·

① 将竹笋切段，放开水中加精盐、食用油，
烫 1 分钟左右，捞出过凉；再将虾仁放
入烫熟备用。

② 将胡萝卜洗净切花；青椒、红尖椒洗净
切段；取一小碗，加入芥末、白醋、精盐、

白糖、味精、香油拌匀，浇在处理好的
竹笋、虾仁上，放入胡萝卜花和青椒段、
红尖椒段一起搅拌均匀即可。

·营养贴士· 虾仁中含有 20% 的蛋白质，
是蛋白质含量很高的食品
之一。

·操作要领· 水烧开加精盐和油，将笋
焯烫 1 分钟后过凉，以保
持口感脆嫩。

芥末**扇贝**

主 料 扇贝 200 克

配 料 芥末 100 克，蚝油 8 克，醋 15 克，
香油 10 克，白砂糖 8 克，姜 5 克，
大葱 10 克，精盐、味精各 5 克

·操作步骤·

① 扇贝洗净片成片；葱一半切段、一半切花；
姜切片。

② 锅内水烧开，放姜片、葱段煮出香味，
捞出姜片、葱段，将扇贝片放入烫熟，
捞出沥干水分，放入碗中，加少许香油
拌匀。

③ 芥末加温水、醋、白砂糖、味精、精盐
拌匀，加盖焖 30 分钟。

④ 将调好的芥末汁倒入放扇贝的碗内，再
加点蚝油，撒上葱花即可。

·营养贴士· 扇贝含有丰富的维生素 E，
能抑制皮肤衰老、防止色素
沉着。

·操作要领· 扇贝要烫透但不要烫老，水
微开就好。

家常小炒

Chapter 2

农家 小炒肉

主 料▷ 五花肉 450 克，青椒、红椒各 100 克

配 料▷ 葱、姜、蒜、精盐、白糖、醋、酱油、料酒、高汤精、花椒、麻椒、干辣椒、油各适量

·操作步骤·

① 将五花肉洗净，切成薄片；青椒、红椒去籽洗净，切成块；葱、姜切丝；蒜切片。

② 坐锅点火倒入油，油温时下花椒、麻椒炸香，加入五花肉片煸炒 3 分钟，放入干辣椒、葱丝、姜丝、蒜片继续煸炒。

③ 五花肉煸炒至九成熟时，放入青椒块和红椒块翻炒至熟，加精盐、料酒、白糖、酱油、高汤精调味，出锅前加少许醋即可。

·营养贴士· 本菜具有补虚强身、滋阴润燥、开胃消食的功效。

辣子 肉丁

主 料▷ 猪肉 300 克，莴笋 200 克

配 料▷ 姜、葱各少许，剁椒酱、生抽、鸡精、精盐、植物油各适量

·操作步骤·

① 猪肉洗净切丁备用；莴笋切丁后用热水焯一下备用；姜、葱切末。

② 锅中倒植物油烧热，放入姜末、葱末爆香，放入猪肉丁炒至八成熟，放入剁椒酱、生抽翻炒至入味。

③ 将莴笋丁放入锅内，和肉一起翻炒至熟，加入精盐、鸡精调味即可。

·营养贴士· 猪肉性味甘、咸，有滋阴润燥的功效，含有血红蛋白和促进铁吸收的半胱氨酸，能改善缺铁性贫血。

锅巴肉片

主料 ▶ 米饭300克，猪里脊肉150克

配料 ▶ 精盐3克，生粉20克，油菜、西红柿、冬笋、香菇、植物油各适量，葱末、姜末、料酒、胡椒粉、水淀粉各少许

·操作步骤·

① 将米饭平摊在烤盘中，放在阳光下晒干后，切成小块，放入油锅中炸至金黄色后捞出备用；西红柿、冬笋、香菇处理好后切片；油菜洗净焯熟，和锅巴一起摆入盘中。

② 里脊肉切片装碗内，加精盐、料酒、生粉等调味料搅拌均匀后腌渍；冬笋凉水下锅焯烫，再加入香菇一起焯水，至断生捞出，沥干水分。

③ 烧热锅，放入适量的植物油，入葱末、姜末爆香，下入肉片翻炒，变色后加入西红柿翻炒几下，下入焯过水的冬笋、香菇继续炒，倒入加了精盐和胡椒粉的水淀粉，煮2分钟左右。

④ 将炒好的香菇、冬笋、肉片同汤汁一起倒在炸好的锅巴上即可。

·营养贴士· ▶ 本菜配菜多样，营养全面。

·操作要领· ▶ 晾晒米饭时，一定要排列紧密，以免炸制的时候散开。

芥菜**炒蚕豆**

主 料 芥菜150克，蚕豆100克，瘦肉50克，红辣椒适量

配 料 葱丝、食盐、鸡精、白糖、植物油各适量

·操作步骤·

① 芥菜择洗净，切小段；蚕豆洗净去外皮，过水煮熟；瘦肉洗净，切小块；红辣椒洗净，切丝。

② 坐锅点火倒入植物油，油温五成热时放入葱丝、红辣椒丝煸炒出香味，加入瘦肉块，炒至变色时加入芥菜段。

③ 芥菜快熟时加入蚕豆翻炒几下，加入食盐、鸡精、白糖调味，出锅装盘即可。

·营养贴士· 本道菜有健脾开胃、防癌抗癌的功效。

火腿**炒茄瓜**

主 料 茄子200克，三文治火腿50克

配 料 青椒、红椒各1个，生姜1块，猪油30克，食盐3克，鸡精1克，白糖2克，蚝油、生抽各5克，湿生粉、麻油各适量

·操作步骤·

① 火腿切片，再切条；茄子洗净，去皮，切条；青椒、红椒洗净，切段；生姜切片。

② 炒锅中放入猪油，烧热后放入姜片、青椒段、红椒段、食盐、火腿片炒至入味断生，加入茄子条、鸡精、蚝油、生抽、白糖，用大火爆炒至熟，然后用湿生粉打芡，淋入麻油，翻炒几下出锅即可。

·营养贴士· 本菜能抑制消化系统肿瘤的增殖，对于防治胃癌有一定的功效。

肉末粉丝

主 料 粉丝150克，猪肉50克

配 料 植物油15克，酱油8克，葱、姜各5克，精盐2克，味精1克，蒜苗适量

·操作步骤·

① 粉丝用温水泡软；葱、姜切末；猪肉切末；蒜苗切段。

② 锅置火上放植物油烧热，放入肉末、葱末、姜末、蒜苗段煸炒，待水分将干时（姜略显微黄），烹入酱油，放入精盐、味精，倒入泡软的粉丝一同翻炒，再加盖煮3分钟，开盖翻炒并大火收汁，出锅装盘即可。

·营养贴士· 本菜具有抗菌护肝，促进胃肠蠕动，促进骨骼、牙齿发育的作用。

·操作要领· 粉丝要用温水泡，不然炒的时候会断掉。

干煸 冬笋

主料 冬笋 400 克, 肥瘦猪肉 100 克, 芽菜 50 克

配料 猪油 500 克, 白糖 10 克, 料酒、酱油、香油各 10 克, 鸡精 5 克, 食盐 3 克, 红椒圈少许

·操作步骤·

① 冬笋去外壳, 洗净后焯水, 切成 4 厘米长、1 厘米宽的条; 肥瘦猪肉切成小粒。

② 锅置火上, 下猪油, 烧至六成热时, 放入冬笋条炸至浅黄色, 捞起控油。

③ 锅内留底油, 下肉粒炒出香味, 然后放入冬笋条、芽菜煸炒, 至起皱时, 烹入料酒, 依次下食盐、酱油、白糖、鸡精, 翻炒至熟, 放入香油, 撒上红椒圈起锅即成。

·营养贴士· 本道菜有开胃健脾、增强免疫的功效。

豉香**春笋丝**

主料 春笋 250 克, 红辣椒、里脊肉各 50 克

配料 豆豉、植物油、蒜末、生抽、食盐、白糖、料酒、鸡精、胡椒粉、麻油、黄酒各适量

·操作步骤·

① 春笋剥皮洗净后切丝, 焯水; 里脊肉洗净, 切丝, 加入料酒、生抽、白糖、胡椒粉和黄酒腌渍片刻; 红辣椒切丝。

② 锅中倒入植物油, 烧至五成热, 放入蒜末、豆豉爆香, 加入里脊肉爆炒约 1 分钟, 再加入笋丝、红椒丝翻炒约 3 分钟。

③ 加入食盐、麻油、鸡精调味, 炒匀即可出锅。

·营养贴士· 本道菜有开胃消食、瘦身排毒的功效。

双耳木须肉

主料 猪里脊肉 260 克，黑木耳、银耳各 100 克，菠菜 50 克，鸡蛋 2 个

配料 植物油 100 克，葱 30 克，姜、醋、精盐、生抽、味精各适量

·操作步骤·

① 里脊肉洗净切片；黑木耳、银耳去蒂洗净泡开撕碎；菠菜洗净切段；葱、姜洗净切末。

② 锅加油烧热，炒熟鸡蛋，出锅备用，锅中留油加热，加葱末、姜末爆香，去渣留汁，加肉片，炒白时先后加入醋、生抽，去腥提鲜。

③ 先后往锅内加入黑木耳、银耳、精盐、鸡蛋、菠菜，炒熟后加入味精即可。

·营养贴士· 食用银耳可以清肺，食用黑木耳可以美容养颜。

·操作要领· 要根据菜的吃盐程度和易熟程度依次加料，先加难熟的不太吃盐的黑木耳、银耳，然后加入精盐，再加入鸡蛋和菠菜。

香葱**煸白肉**

主 料▷ 熟白肉 300 克

配 料▷ 食用油 70 克，郫县豆瓣酱 150 克，香葱 150 克，老抽、料酒、姜、精盐各适量

·操作步骤·

① 熟白肉切片；香葱切段；姜切丝。

② 锅中倒入食用油后加入豆瓣酱，小火炒出红油，加入葱段、姜丝，炒 30 秒后加入白肉片快速翻炒，加入精盐、料酒、老抽。

③ 肉片炒熟后即可出锅。

·营养贴士· 香葱对风寒感冒、痈肿疮毒、痢疾脉微、寒凝腹痛的症状有明显的改善作用。

蒜苗**炒肉**

主 料▷ 猪瘦肉 200 克，蒜苗 100 克

配 料▷ 红椒、植物油、精盐、麻油各适量，湿淀粉少许

·操作步骤·

① 猪瘦肉切长细丝，加少许精盐、少许湿淀粉拌匀；蒜苗择除老梗，洗净，切长段；红椒片开，去籽，切小片。

② 锅中放植物油烧热，放入肉丝，大火爆炒至肉色变白时盛出。

③ 锅中留底油，放蒜苗段翻炒，加精盐、麻油，放入红椒片翻炒，倒入肉丝，用湿淀粉勾芡，炒至汤汁收干即可。

·营养贴士· 蒜苗含有丰富的维生素 C 以及蛋白质、胡萝卜素、硫胺素、核黄素等营养成分。具有开胃消食的作用。

生爆肉片

主料 瘦肉 200 克，黑木耳 100 克

配料 青辣椒、红辣椒各 75 克，青蒜 30 克，酱油 10 克，食用油、精盐、味精、豆瓣酱、姜片、白糖、料酒、豆豉各适量

·操作步骤·

① 将瘦肉洗净，切成薄片；青蒜择洗干净，斜刀切成段；青辣椒、红辣椒去籽洗净，切成块；黑木耳用水泡发后撕成小朵。

② 炒锅内注食用油烧热，放入肉片过油至肉片卷起略呈黄色，加入精盐、姜片翻炒，再放入豆豉、豆瓣酱、青辣椒块、红辣椒块、酱油、料酒、白糖、青蒜和黑木耳炒熟。

③ 用精盐和味精调味后即可出锅。

·营养贴士· 本菜荤素搭配、营养全面，具有健脾开胃的功效。

·操作要领· 生爆肉片要掌握好油温，先将锅烧热，再放入食物油，烧至七八成热时，放入肉片。

酸豆角炒肉末

主料 酸豆角 250 克，猪肉 200 克

配料 花生仁 50 克，干辣椒碎 8 克，蒜泥 10 克，精盐、味精、酱油、熟猪油各适量

·操作步骤·

① 酸豆角洗净，倒进温水中浸泡一小会儿，然后切碎；猪肉切末。

② 锅置火上，倒入酸豆角碎翻炒，直至炒干水分盛出。

③ 锅中倒入熟猪油烧热，下入肉末煸炒，加精盐调味，倒入酸豆角碎、花生仁翻炒，加入蒜泥、干辣椒碎、酱油炒匀加水焖煮，煮熟后收干汤汁，加入味精出锅即可。

·营养贴士· 酸豆角含有较多的优质蛋白和不饱和脂肪酸，矿物质和维生素含量也高于其他蔬菜。

干锅熏干

主料 五花肉 50 克，熏干 200 克

配料 青椒 100 克，红椒 80 克，豆瓣酱 30 克，白酒 25 克，酱油 15 克，白糖 8 克，食盐 5 克，料酒 20 克，植物油、葱、姜各适量

·操作步骤·

① 五花肉切片，加入食盐、料酒腌渍 20 分钟；熏干、青椒、红椒切长条；葱、姜切片。

② 在沸水中放入一部分葱片、姜片、五花肉片，焯烫至肉片变白后捞出，用清水洗净。

③ 坐锅点火入植物油，放入剩余的葱片、姜片爆香，先后放入五花肉片、熏干条炒匀，加豆瓣酱、白酒、酱油、白糖，炒到上色时加入清水，焖至水干，加入青椒条、红椒条炒匀即可。

·营养贴士· 本菜含有丰富的蛋白质和钙、铁等营养元素，具有很好的补钙功效。

湘西炒酸肉

主料 肥猪肉 750 克，玉米粉 100 克

配料 青蒜 25 克，干红辣椒 15 克，花生油 50 克，精盐 30 克，花椒粉 7 克，清汤 200 克

·操作步骤·

① 肥猪肉刮洗干净，滤去水，切大块，每块重约 100 克，用 15 克精盐、花椒粉腌 5 个小时，再加玉米粉、15 克精盐拌匀，放入密封的坛内腌 15 天，即成酸肉。

② 将黏附在酸肉上的玉米粉扒放在瓷盘里，将酸肉切片；干红辣椒切细末；青蒜切成小段。

③ 炒锅置旺火上，放入花生油烧至六成热，先放酸肉片、干红辣椒末煸炒 2 分钟，当酸肉渗出油时，用手勺扒在锅边，下玉米粉炒呈黄色，再与酸肉片炒匀，再倒入清汤焖 2 分钟，待汤汁稍干，放入青蒜段炒几下即成。

·营养贴士· 肥猪肉含有丰富的 B 族维生素，食之可以使身体感到更有力气。

·操作要领· 炒肉时要一直转勺、翻锅，既可以防止粘锅，也可以避免上色不均。

炖**排骨**

主 料 猪小排 500 克

配 料 花椒、干红椒段、
葱段、姜片、蒜、
生抽、精盐、糖、
白胡椒粉、五香粉、
干淀粉、蚝油、料酒、
植物油各适量

·操作步骤·

① 排骨洗净，剁成小块，放入大碗中，加
入植物油、生抽、精盐、糖、白胡椒粉、
五香粉、蚝油、干淀粉、姜片、料酒拌匀，
腌 1 小时左右。

② 锅中入植物油油烧热，放入花椒爆香后捞
出，再放入干红椒段、葱段、姜片、蒜炒
香，放入排骨翻炒均匀。

③ 加没过排骨的水，大火烧开后，转中小火
炖一个小时左右即可。

·营养贴士· 猪排骨提供人体生理活动必
需的优质蛋白质、脂肪，
尤其是丰富的钙质可维护
骨骼健康。

·操作要领· 排骨用胡椒粉等调料腌一会
儿，可以去腥。

爆炒牛肉

主料 牛肉 200 克，香菇 50 克

配料 葱 50 克，酱油、辣椒酱、熟白芝麻、食用油、食盐、味精各适量

操作步骤

准备所需主材料。

将葱切片，将香菇一分为二，将牛肉切片。

将辣椒酱、酱油、熟白芝麻放入牛肉中搅拌均匀。

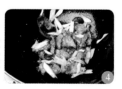

锅内放入食用油，放入葱片、香菇和牛肉片进行大火翻炒，至熟后放入食盐和味精翻炒均匀。

烹饪心得

营养贴士：此菜具有增强免疫力、促进蛋白质的新陈代谢和合成的功效。

操作要领：大火翻炒的时候速度一定要快，这样牛肉的口感才最佳。

小炒肝尖

主料 猪肝 250 克

配料 红辣椒、青辣椒各 1 个，葱、姜、蒜各 5 克，料酒、淀粉、生抽、植物油各适量

·操作步骤·

① 蒜切片；葱切末；姜切末；红辣椒、青辣椒切条；猪肝洗净切片，然后用淀粉、姜末、料酒上浆，腌 15 分钟。

② 锅倒油烧热，把猪肝滑一下，加葱末、蒜片和剩余的姜末翻炒一会儿后放红辣椒条、青辣椒条，再加少量生抽翻炒均匀即可。

·营养贴士· 本菜具有保护眼睛、保持正常视力，防止眼睛干涩、疲劳的功效。

小炒肥肠

主料 肥肠 300 克，青豆 100 克

配料 植物油、八角、蒜片、老姜、红椒、酱油、草果、花椒、精盐、鸡精、味精各适量

·操作步骤·

① 猪肥肠洗净入沸水中过一下；老姜切丝；起油锅将八角、蒜片、姜丝、草果炒香，加水和酱油烧开。

② 放入肥肠卤熟至酥软捞起，将肥肠切成小段；红椒切圈备用。

③ 起油锅，放入切好的肥肠爆炒，炒香后加青豆翻炒至断生，放红椒圈、花椒、精盐、味精、鸡精，炒至青豆和辣椒全熟，装盘即可。

·营养贴士· 猪大肠性寒，味甘，有润肠、补虚的功效，适宜便秘、小便频繁者食用。

油菜炒猪肝

主 料 猪肝 500 克，油菜 50 克，木耳 100 克

配 料 植物油 200 克，香油 30 克，酱油 10 克，醋 10 克，料酒 15 克，精盐 3 克，味精 1 克，白糖 25 克，水淀粉 35 克，干淀粉 50 克，葱末、姜末、蒜末各 10 克

·操作步骤·

① 将猪肝剔筋洗净，切片；油菜洗净；木耳去蒂洗净撕小朵。

② 将猪肝片加入干淀粉均匀上浆，用热油滑散后捞出沥油，将锅中剩油（如剩量不足，可适量加入）烧沸，先后加入木耳、油菜，煸炒，待油菜六成熟时将之与木耳一起盛出控水。

③ 将葱末、姜末、蒜末、酱油、料酒、精盐、味精、白糖、醋、水淀粉及清水调成芡汁，倒入热油锅之中，投入猪肝片、油菜、木耳，翻炒均匀，最后淋入香油即成。

·营养贴士· 本菜含有丰富的铁质，可调节和改善贫血患者造血系统的生理功能。

·操作要领· 此菜制作关键是猪肝滑油，油太热猪肝易炸老，油凉猪肝易脱糊，以用七八成热的油为宜。

油面筋 炒牛肚

主料 油面筋、香菇各 50 克，牛肚 100 克

配料 红椒、芹菜各 10 克，姜 10 克，蒜 5 克，植物油、精盐、鸡精各适量

·操作步骤·

① 油面筋切块备用；香菇、红椒分别洗净切片备用；牛肚洗净，先用沸水焯一下，捞出切片备用；姜、蒜切片备用；芹菜洗净后切段备用。

② 锅中加植物油烧热，将牛肚入油锅中滑熟。

③ 锅内留底油，放入姜片、蒜片爆香，放入芹菜段、红椒片、油面筋块、牛肚、香菇片翻炒均匀，放入精盐、鸡精调味，炒熟即成。

·营养贴士· 牛肚含蛋白质、脂肪、钙、磷、铁、硫胺素、核黄素、烟酸等营养物质。

脆芹 炒猪肚

主料 芹菜 100 克，猪肚 200 克

配料 红椒 1 个，糖、精盐各 2 克，鸡精 1 克，植物油、蒜末、葱段、姜片各适量

·操作步骤·

① 猪肚冷水下锅，放入葱段、姜片，焯过后捞出，对半切开，用刀去掉里面的油切成片。

② 将猪肚下锅，放入葱段、姜片、蒜末，高压锅水开后 15 分钟取出；芹菜从中间切两半后切段；红椒切块。

③ 锅倒油烧热，下入猪肚，再下入芹菜段、红椒块，加入糖、精盐一起翻炒至熟，撒入鸡精调味，淋明油即可。

·营养贴士· 猪肚具有补虚损、健脾胃的功效。

笋炒百叶

主料 牛百叶 300 克、酸笋 100 克

配料 精盐、白糖各 5 克，生抽、蚝油各 5 克，米酒 10 克，蒜瓣 5 克，姜 1 块，油 15 克，水淀粉、香菜段适量

操作步骤

① 把牛百叶切丝，加入少量精盐反复搓洗干净后放到碗中，加入适量清水，往清水中滴几滴高度米酒，浸泡 30 分钟。

② 将酸笋切成片状，蒜瓣、姜剁碎，锅烧热，倒油，然后把酸笋片、蒜蓉、姜末下锅炒香，倒入沥干的牛百叶和香菜段，保持大火快速翻炒。

③ 碗中放精盐、生抽、蚝油、白糖调匀，加入少许用水淀粉调成的芡汁，最后大火收汁即可。

营养贴士 笋含有丰富的蛋白质、氨基酸、矿物质、胡萝卜素和多种维生素，制作成的酸笋更具有开胃助食的功效。

操作要领 调酱味汁时要加一点水淀粉，这样汤汁会收得更好，使得香味更浓、口感更好。

酸菜炒牛百叶

主料➡ 牛百叶 500 克，圆白菜适量

配料➡ 泡椒、干辣椒、精盐、味精、食用油、蒜各适量

·操作步骤·

① 牛百叶洗净焯水，过凉后切细条；圆白菜切丝；泡椒切段；干辣椒切丝；蒜切末。

② 锅中倒油烧热后，下干辣椒丝和蒜末爆香，加入圆白菜翻炒一小会儿，再加入切好的牛百叶，大火爆炒至熟。

③ 加入泡椒段、少许精盐和味精，翻炒均匀即可。

·营养贴士· 本菜具有补益脾胃、补气养血的功效。

小炒黑山羊肉

主料➡ 黑山羊肉 300 克

配料➡ 香菜段 10 克，油 50 克，精盐、味精、嫩肉粉各 3 克，料酒、生抽、红油各 3 克，香油 2 克，蒜蓉辣酱 5 克，水淀粉 4 克

·操作步骤·

① 将羊肉切成薄片，然后放精盐、味精、料酒、嫩肉粉、水淀粉上浆，入味后下入八成热油锅至熟，倒入漏勺沥净油。

② 锅内留少许底油，下入羊肉、蒜蓉辣酱、精盐、生抽、味精炒匀，入味后用水淀粉勾芡，淋红油、香油，出锅盛入垫有香菜的盘中即可。

·营养贴士· 黑山羊肉蛋白质含量高，脂肪和胆固醇的含量低，营养价值高，对人体有很好的滋补作用。

腊八豆炒羔羊肉

主 料▶ 腊八豆 80 克，羔羊肉 300 克

配 料▶ 辣椒酱、葱、植物油、蒜、鸡精、
精盐各适量

·操作步骤·

① 葱、蒜切末备用；羔羊肉切成小块备用。

② 锅内加植物油，放入葱末、蒜末爆香，
倒入羔羊肉翻炒至变色，加入腊八豆、
辣椒酱翻炒均匀，放入鸡精、精盐调味，
炒熟即成。

·营养贴士· 羔羊肉中含有丰富的蛋白质、
脂肪、糖类、无机盐、钙、铁
等营养成分，具有壮阳补气、
开胃健脾、预防感冒的功效。

韭菜炒羊肝

主 料▶ 羊肝 250 克，韭菜 300 克

配 料▶ 鸡精、姜、糖、精盐、鲜抽、食用油、
料酒各适量

·操作步骤·

① 韭菜洗净切段；羊肝用清水浸 60 分钟，
去杂质，切片；姜切丝。

② 油热后放姜丝爆香，放下羊肝煸炒，加
料酒焖煮 5 分钟，盛出。

③ 把锅洗净，放油，放入韭菜段煸炒 10 秒
钟，放入羊肝煸炒匀，加糖、精盐、鸡精、
鲜抽炒匀装盘即可。

·营养贴士· 本菜具有很好的食疗作用，适
用于男子阳痿、遗精、盗汗、
女子月经不调、经漏、带下、
遗尿等症。

剁椒花生**辣子鸡**

主料 仔鸡半只，青辣椒、红辣椒各1个，熟花生米适量

配料 姜丝、蒜片、植物油、剁椒酱、食盐、酱油、生抽、香油各适量

· 操作步骤 ·

① 处理干净的仔鸡剁成大小合适的块，放入凉水锅中烧，焯去血水，捞出来用流水冲干净浮沫，上锅大火蒸15分钟；青辣椒、红辣椒洗净切段。

② 锅内倒入植物油，烧至六成热，放入蒸好的鸡块，翻炒3分钟，放入青辣椒段、红辣椒段、姜丝、蒜片、剁椒酱一同翻炒。

③ 放食盐、酱油和少许生抽调味，翻炒均匀后倒入之前蒸鸡时留下来的汤水焖1分钟，移至干锅，撒上熟花生米，淋上香油即可。

· 营养贴士 · 仔鸡肉的蛋白质含量比老鸡肉更多，营养价值更高。

辣味**鸡丝**

主料 鸡脯肉150克

配料 青椒100克，香芹段、精盐、料酒、味精、胡椒粉、干椒丝、姜丝、辣椒油、植物油各适量

· 操作步骤 ·

① 鸡脯肉切丝待用；青椒洗净切丝。

② 锅中倒植物油烧至四成热，下鸡丝过油炒散，待用。

③ 锅中留底油，下姜丝、干椒丝炒香，倒入鸡丝翻炒，加入青椒丝、香芹段翻炒片刻，加辣椒油、精盐、味精、胡椒粉、料酒翻炒均匀即可。

· 营养贴士 · 青椒含有丰富的维生素C，适合高血压、高脂血症患者食用。

莴笋凤凰片

主 料 莴笋 200 克，鸡胸肉 150 克

配 料 植物油、葱、姜、蒜、食盐、生抽、
淀粉、料酒、胡椒粉、鸡精各适量

·操作步骤·

① 鸡胸肉切成片，加入适量的淀粉、料酒、
胡椒粉腌渍；莴笋去皮，洗净后切菱形片；
葱、姜、蒜切末。

② 锅内放植物油，将葱末、姜末、蒜末放

锅内爆香，下鸡胸肉，大火爆炒至变色
后放入莴笋，炒 2 分钟。

③ 放入适量的食盐、生抽、鸡精调味，翻
炒一会儿即成。

·营养贴士· 莴笋含有丰富的磷、钙和维
生素 C，对儿童的生长发育
很有益处。

·操作要领· 炒莴笋时不要放太多盐，否
则炒好的莴笋会发苦。

炒鸡肝

主 料➡ 鸡肝 500 克，洋葱半个

配 料➡ 胡萝卜 30 克，孜然、食用油、酱油、盐、味精各适量

操作
步骤

准备好所需主材料。

将鸡肝改刀成适口小块，将胡萝卜和洋葱切成小丁。

锅内放入食用油，待油热后放入酱油、孜然、胡萝卜丁、洋葱丁煸香。

放入鸡肝继续煸炒，至熟后放入盐、味精翻炒均匀即可。

> 营养贴士：鸡肝中含有维生素 C 和微量元素硒，能增强人体的免疫力，抗氧化，防衰老，并能抑制肿瘤细胞的产生。
>
> 操作要领：鸡肝在下锅前，用清水煮八分熟。

小炒**鸭掌**

主 料 鸭掌 800 克

配 料 青尖椒、红尖椒各 50 克，绿豆芽
30 克，胡萝卜丝 15 克，鸡精 5 克，
食盐 1 克，卤水 1500 克，植物油
30 克，葱末、姜末、蒜末各 2 克

·操作步骤·

① 鸭掌入沸水中大火氽 2 分钟，捞出洗净。

② 鸭掌入烧沸的卤水中小火卤 10 分钟，取
出去骨，切成丝。

③ 青尖椒、红尖椒切长 5 厘米的丝；绿豆
芽去头去尾，入沸水中大火氽 30 秒，捞
出控水。

④ 锅中倒入植物油，烧至七成热时放入葱
末、姜末、蒜末爆香，入绿豆芽、青尖椒丝、
红尖椒丝、鸭掌、胡萝卜丝大火翻炒均匀，
用食盐、鸡精调味后出锅装盘即可。

·营养贴士· 鸭掌含有丰富的胶原蛋白，是
减肥瘦身的绝佳食品。

香炒**鸭肝**

主 料 鸭肝 300 克

配 料 植物油 60 克，淀粉 40 克，姜、蒜、
葱、醋、香油、生抽、料酒、胡椒粉、
白糖各适量

·操作步骤·

① 鸭肝去除筋膜，置入清水中，加少许醋，
泡出血水后取出，用生抽、料酒、胡椒粉、
淀粉拌匀备用；葱、姜、蒜切末备用；
生抽、料酒、白糖调成料汁备用。

② 锅中倒入植物油加热，倒入鸭肝，快速
滑开，待变色后立即盛出，用淀粉抓匀。

③ 锅中加植物油，爆香葱末和姜末，下鸭
肝翻炒片刻，加入调好的料汁、蒜末，
均匀翻炒至熟，关火，加入少许香油即
可出锅。

·营养贴士· 鸭肝是最理想的补血佳品之一。

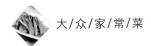

巴蜀香辣虾

主 料▶ 活对虾 500 克

配 料▶ 鸡蛋液、面包糠、西芹、花生米（去皮）、淀粉、精盐、料酒、大葱、姜末、蒜片、蒜末、干辣椒、八角、桂皮、草果、白蔻、花椒、熟芝麻、海天虾酱、植物油、味精、鸡精各适量

·操作步骤·

① 对虾处理干净，去头留壳，在背上切一刀，去虾线，用精盐、料酒腌 20 分钟，取出，先粘淀粉，然后粘鸡蛋液，再裹上面包糠，用油炸熟待用；西芹、大葱、干辣椒洗净切段。

② 锅中倒植物油烧热，放入八角、桂皮、草果、白蔻、花椒炒香后捞出，再下入干辣椒段、葱段、姜末、蒜末和蒜片，依次下入炸熟的虾、西芹段来回翻炒。

③ 放入海天虾酱，然后下少许味精、鸡精，继续翻炒至虾身卷曲，颜色变成橙红色，放入花生米翻炒均匀，出锅撒上熟芝麻即可。

·营养贴士· 本菜营养高、易消化，且具有滋补壮阳的功效。

·操作要领· 最后煸炒一定要快速，才能保持虾的酥脆。

观音茶炒虾

主 料 鲜虾 400 克

配 料 铁观音茶叶 30 克，精盐 4 克，红辣椒 2 个，植物油 10 克，料酒 3 克，姜末、葱花各适量

·操作步骤·

① 铁观音放入大碗中，用沸水冲泡 15 分钟，将茶叶与茶汤分离，茶叶控干水；鲜虾剪去须，剔除虾线，洗净沥干水，放入茶汤中浸泡，加入 1 汤匙料酒搅匀静置 30 分钟，捞起沥干水；红辣椒切丁备用。

② 锅倒油烧热，放入茶叶中火翻炒 5 分钟，盛起备用。

③ 锅中续添油，爆香姜末和葱花，倒入鲜虾翻炒至虾壳稍红后，加入红辣椒丁一起翻炒，加入精盐调味。

④ 倒入茶叶，与鲜虾一同翻炒 2 分钟至虾肉全熟出锅即可。

·营养贴士· 虾含有较高的蛋白质，还含有丰富的钾、碘、镁、磷等矿物质及维生素 A、氨茶碱等成分。

·操作要领· 把虾放入铁观音茶汤中浸泡入味，享用时虾肉鲜美弹牙，清新飘香。

雪菜毛豆炒虾仁

主料 毛豆100克，雪菜60克，虾仁450克

配料 油、生抽、生粉各适量，红椒粒少许

·操作步骤·

① 雪菜切末；毛豆洗净用清水泡一会儿；虾仁清洗干净。

② 锅倒油烧热，放入雪菜和毛豆炒香，放入虾仁一起翻炒，加入红椒粒快速翻炒几下，最后加入适量的生抽加生粉勾薄芡翻炒几下即可。

·营养贴士· 毛豆中含有丰富的食物纤维，具有改善便秘、降低血压和胆固醇的功效。

草菇虾仁

主料 虾仁300克，草菇150克

配料 胡萝卜25克，彩椒1个，油30克，蛋清、料酒、胡椒粉、精盐、味精、湿淀粉、葱段各适量

·操作步骤·

① 虾仁洗净后拭干，拌入适量的精盐、胡椒粉、蛋清腌10分钟；彩椒洗净切菱形片；在沸水中加少许精盐，把草菇余烫后捞出，冲凉；胡萝卜去皮，切花。

② 锅内放适量油，烧至七成热，放入虾仁过油，滑散滑透时捞出，余油倒出。

③ 锅内留少许油，下葱段、胡萝卜花、草菇、彩椒片，然后将虾仁回锅，加入料酒、精盐、胡椒粉、湿淀粉、味精、清水同炒至熟，装盘即可。

·营养贴士· 草菇具有消食祛热、补脾益气、滋阴壮阳、防止坏血病、护肝健胃和增强人体免疫力的功效，是营养价值很高的保健食品。

辣炒文蛤

主 料 文蛤 400 克

配 料 红辣椒、青辣椒、辣椒酱、植物油、葱末、蒜、姜汁、精盐、米酒、酱油、糖、醋、淀粉各适量

·操作步骤·

① 文蛤洗净备用；红辣椒、青辣椒洗净后切段备用；蒜切片备用。

② 使用辣椒酱、葱末、姜汁、精盐、酱油、糖、醋、淀粉做成调味汁。

③ 在锅内倒入植物油，加红辣椒段、青辣椒段、蒜片爆香，待辣椒变色后加入文蛤翻炒片刻，用姜汁调味，注入米酒后加盖焖 30 秒左右，开盖后淋上调味汁，全部炒匀后即成。

·营养贴士· 文蛤肉有滋阴利水的功效。

·操作要领· 把文蛤放在高浓度的盐水内浸 2 小时，可以让其尽快吐净泥沙。

小炒**鱼**

主料 ▶ 草鱼 800 克

配料 ▶ 醋 15 克，淀粉 75 克，精盐 2 克，
植物油 500 克，酱油 3 克，米酒 4 克，
姜、葱各 5 克，红椒 5 克，味精 0.5
克，清汤 150 克

·操作步骤·

① 将鱼刮鱼鳞，去腮和内脏，洗净，片出
鱼肉，切成块，用精盐、米酒、酱油腌 5
分钟；姜切片；葱切花；红椒洗净，去籽，
切碎；小碗内放入清汤、酱油、味精、醋、
淀粉和米酒调汁待用。

② 锅中放植物油，烧至六成热时，将鱼块
裹上淀粉下锅，炸至外略酥、内断生，
滤去油。

③ 锅中留底油，放入葱花、红椒碎、姜片
炒出香味，放入炸好的鱼块翻炒，加入
调汁，用水淀粉（淀粉加水调制）勾芡，
淋明油即可。

·营养贴士· 此菜具有提神、美容、开胃等
功效。

小炒**鳝鱼**

主料 ▶ 鳝鱼 400 克

配料 ◀ 青椒、红椒各 100 克，猪油 60 克，
辣椒酱、豆瓣酱、酱油、葱花、剁椒、
蒜、淀粉、姜、香油、料酒、胡椒粉、
精盐各适量

·操作步骤·

① 鳝鱼去头洗净、切段；青椒、红椒洗净，
切片；姜、蒜洗净切末备用。

② 锅中加入猪油，待热时，先后将鳝鱼段、
青椒片、红椒片入锅爆炒，待鳝鱼段爆
炒起卷时，放入辣椒酱、豆瓣酱、酱油、
姜末、精盐、剁椒、料酒，合盖焖 3 分
钟后加清水再焖。

③ 出锅前用淀粉勾芡，撒上蒜末、葱花，
淋入香油，撒上胡椒粉即成。

·营养贴士· 本菜具有补气养血、温阳健脾
的功效。

锅巴鳝鱼

主 料 米饭1碗，活鳝鱼适量

配 料 青椒、红椒各1个，花椒5粒，姜末、蒜泥各少许，精盐、酱油、鸡精、植物油各适量

·操作步骤·

① 将米饭平摊在烤盘中，放入阳光下晾晒成小块，放入油锅中炸至金黄色后捞出备用；青椒、红椒切条。

② 鳝鱼处理干净后，切段，用盐水泡一会儿，待用。

③ 锅中倒植物油烧热，放入姜末、蒜泥、花椒炒香，倒入酱油、鳝鱼段、青椒条、红椒条一起炒至鳝鱼肉熟烂，加入精盐、鸡精调味。

④ 锅巴放入准备好的碗中，再将炒好的鳝鱼倒入装锅巴的碗里即可。

·营养贴士· 本菜具有补虚养身的功效，适合营养不良的人食用。

·操作要领· 鳝鱼用盐水泡一会儿，可以更好地入味。

干鱿 **炒双丝**

主 料 干鱿鱼150克，红辣椒丝、青辣椒丝、笋丝、瘦肉丝、香芹各适量

配 料 植物油、精盐、胡椒粉、花椒油、蒜汁各适量

·操作步骤·

① 将干鱿鱼泡发洗净，入锅蒸熟，切丝备用；香芹切段。

② 锅内倒入植物油烧热，倒蒜汁，下瘦肉丝煸炒，放入鱿鱼丝、笋丝、红辣椒丝、青辣椒丝、香芹段翻炒，用精盐、胡椒粉、花椒油调味后翻炒至熟即成。

·营养贴士· 鱿鱼中含有丰富的钙、磷、铁元素，对骨骼发育和造血十分有益，可预防贫血。

·操作要领· 干鱿鱼泡发时加盐和白醋可以加速鱿鱼变软和除去异味。

家常烧炖

红烧栗子蘑菇

主料 鲜香菇8朵，栗子150克，熟肉丸子80克

配料 植物油50克，酱油35克，黄酒10克，湿淀粉10克，蒜5克，白糖5克，食盐、鸡精各2克

·操作步骤·

① 鲜香菇去蒂，洗净；栗子剥皮，切成两半；蒜切片。

② 锅中倒入植物油，烧至六成热时，加蒜片爆香，下栗子翻炒，随即倒入香菇，调入酱油、黄酒、食盐、白糖、适量清水，改用中火烧10分钟。

③ 将肉丸子放入再烧3分钟，改用旺火，待汤汁浓稠时，加鸡精拌匀，用湿淀粉勾芡即可出锅。

·营养贴士· 栗子含有丰富的不饱和脂肪酸和维生素、矿物质，是抗衰老、延年益寿的滋补佳品。

胡萝卜烧里脊

主料 胡萝卜1个，里脊肉300克

配料 精盐、葱、姜、蒜、料酒、生抽、香醋、淀粉、调和油各适量

·操作步骤·

① 把胡萝卜洗净去皮，切成长条；里脊肉洗净切成和胡萝卜相仿的长条；姜切丝，葱切花，蒜切片待用。

② 切好的里脊加入料酒拌匀，再加入生抽抓匀，最后加入淀粉抓匀腌5分钟，锅置火上加入调和油，油温至八成热时放入姜丝、葱花、蒜片炸香。

③ 接着放入里脊肉翻炒均匀，当里脊肉变色后，加入胡萝卜翻炒均匀，接着加入香醋翻匀，胡萝卜略变色时，加入适量的精盐翻匀即可。

·营养贴士· 胡萝卜中含有丰富的胡萝卜素、B族维生素、维生素C、维生素D、维生素E、维生素K、叶酸、钙质及食物纤维等，几乎可以与多种维生素药丸媲美。

苦瓜烧**五花肉**

主 料 苦瓜 1 根，带皮五花肉 1 块

配 料 花椒、姜末、料酒、甜面酱、老抽、盐、鸡精、高汤、食用油各适量

·操作步骤·

① 五花肉切小方块，滴几滴料酒备用；苦瓜对半切开挖去瓤，切片，用少量盐腌 10 分钟。

② 烧开水，将腌好的苦瓜倒入过水，去除苦味。

③ 锅倒油烧至三成热，放入五花肉煸炒到收水出油，放入姜末、花椒炒出香味，加入甜面酱、老抽、少许高汤，加盖煮 10 分钟。

④ 倒入过了水的苦瓜片，中火烧 5 分钟，大火收汁到浓稠，加入鸡精起锅食用即可。

·营养贴士· 苦瓜具有清凉解暑、清热降火的功效。

·操作要领· 苦瓜加盐腌后焯水，可以去除苦味，也能让炒出来的苦瓜保持青绿。

船家烧肉钵子

主料 猪肉 500 克，梅干菜 50 克

配料 茶油 100 克，姜 8 克，料酒、酱油各 8 克，精盐 2 克，味精 1 克，蒜瓣 10 克，桂皮 5 克，香叶 6 克

·操作步骤·

① 猪肉洗净，随冷水下锅，中火煮 15 分钟至断生捞出，漂洗干净，沥尽水分，切四方块；梅干菜泡软再切成粗末；姜切片；桂皮、香叶洗净备用。

② 锅中倒茶油烧至六成热时，将肉块煸炒吐油，下姜片、料酒、酱油大火炒出香味，加精盐、味精、清水、梅干菜中火烧 2 分钟，盛入垫有桂皮、香叶的钵子中，放蒜瓣拌匀，小火煨 1 小时即可。

·营养贴士· 梅干菜有解暑热、清脏腑、生津开胃的作用。

坛子肉

主料 猪带皮五花肉 500 克，油炸猪肉丸子 75 克，鸡蛋 200 克

配料 鸡肉、墨鱼各 50 克，火腿、冬笋、蘑菇各 25 克，冰糖汁 25 克，细干豆粉 25 克，金钩 10 克，姜、葱各 10 克，酱油 10 克，胡椒 2 克，鲜汤 500 克，猪油 250 克，精盐 3 克，醪糟汁 20 克，猪骨、辣椒酱、葱花各适量

·操作步骤·

① 猪肉、鸡肉、猪骨入沸水锅中煮几分钟捞出，猪肉、鸡肉分别切块；鸡蛋煮熟，去壳，裹上细干豆粉，入猪油锅炸成黄色捞出；冬笋切成滚刀块；火腿切粗条；金钩、墨鱼用水涨发后洗净。

② 在小坛内垫放猪骨，将步骤①中的食材及猪肉丸、蘑菇放入坛内，加精盐、酱油、辣椒酱、醪糟汁、冰糖汁和纱布袋装好的姜、葱、胡椒，并掺入鲜汤，坛口用纸封严，置火上煨约 6 小时后将肉取出装盘，撒上葱花即成。

·营养贴士· 猪肉含有丰富的 B 族维生素，食之可以使身体更有力气。

五花肉炖芋头

主料 五花肉 200 克，芋头 2 个

配料 粉条 50 克，香菜 20 克，食用油、食盐、料酒、酱油、味精各适量

操作步骤

① 准备好所需主材料。

② 将粉条切段后用清水浸泡；将五花肉切成片；将香菜切成大段。

③ 将芋头切成滚刀块。

④ 锅内放入食用油，油热后放入五花肉、料酒、酱油、粉条、芋头翻炒片刻，锅内放入适量的水，进行炖煮，至熟后放入香菜、食盐和味精调味即可。

烹饪心得

营养贴士：芋头富含矿物质，其中氟的含量较高，具有洁齿防龋、保护牙齿的作用。

操作要领：炖煮五花肉时加入料酒可以提鲜。

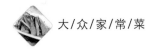
枸杞山药炖排骨

主料 排骨 600 克，胡萝卜 300 克，山药 300 克

配料 枸杞子 5 克，大蒜、酒、白醋、白糖、盐、油、胡椒粉、八角各适量

·操作步骤·

① 将排骨洗净，剁成块，汆烫去血水；山药去皮洗净切滚刀块；胡萝卜洗净切滚刀块；枸杞子洗净；大蒜洗净切末。

② 砂锅置火上，倒油烧热，下入蒜末，放入排骨，加入白醋、酒、白糖、胡椒粉、盐、八角，倒入适量清水烧开，炖 20 分钟。

③ 加入山药、胡萝卜、枸杞子同煮，待其入味并已熟软即可。

·营养贴士· 本菜营养价值丰富，具有补肾养血、增强免疫力的功效。

腊排骨炖湖藕

主料 腊排骨 250 克，湖藕 300 克

配料 猪油 10 克，葱段 10 克，姜块 7 克，鸡精、胡椒粉各 2 克，食盐、香油、葱花各少许

·操作步骤·

① 腊排骨放入清水中浸泡 30 分钟，捞出控干，剁成 3 厘米左右的块。

② 湖藕去皮洗净，切滚刀块，放入沸水锅中焯一下，捞出控水。

③ 砂锅中放入腊排骨、湖藕，加水没过食材，再加入姜块、葱段、猪油煮开，转中火炖 30 分钟，至骨烂藕香倒出，除去姜、葱，放入食盐、鸡精、胡椒粉调味，淋香油，撒葱花即成。

·营养贴士· 藕的营养价值很高，富含铁、钙等微量元素，植物蛋白质、维生素及淀粉含量也很丰富，有明显的补益气血、增强人体免疫力的功效。

野山椒

炖猪脚

主 料 猪蹄 1 个（重约
800 克）

配 料 泡椒、料酒、姜、
大蒜、精盐、八
角、草果、桂皮、
香菜叶、植物油
各适量

·操作步骤·

① 将猪蹄洗净，剁小块，放入沸水中煮 2
分钟左右，捞出用清水冲去血沫，沥干；
姜切片，大蒜去皮，切片；八角、桂皮、
草果洗净。

② 起油锅，下入泡椒炒出辣味后下入猪蹄，
翻炒几下后，加入料酒翻炒均匀。

③ 放入八角、桂皮、草果、姜片、蒜片，
再加入适量的水（要浸过猪蹄），大火

烧开后转小火炖 20 分钟，放入适量的精
盐，小火将猪蹄炖至软烂时，开大火将
汤汁收浓，放上香菜叶点缀即可。

·营养贴士· 猪蹄中含有大量的胶原蛋
白，具有嫩肤养颜、延缓
皮肤衰老的功效。

·操作要领· 猪蹄洗净切块后要放入沸水
中煮一下，以去除血水。

东坡**肘子**

主料 ▷ 猪肘 1 个

配料 ▷ 食盐 6 克，冰糖 80 克，葱段 50 克，姜片 25 克，花椒 12 粒，黄豆酱油 10 克，黄酒 50 克，植物油适量

·操作步骤·

① 肘子刮洗干净，在骨头边的肉上划一刀，入锅，放葱段、姜片和花椒，煮约 15 分钟，捞出。

② 起锅放入植物油和 40 克冰糖炒糖色，炒好后加少许热水调开糖色，倒碗中备用。

③ 坐锅倒少许油，烧到七成热，把肘子肉皮向下放进锅中，中火炸至皮金黄，捞出放盘中备用。

④ 砂锅下边垫竹篦子，放葱段、姜片、花椒，倒黄酒，放另一半冰糖和炒好的糖色水、食盐和酱油，再把肘子皮朝下放进去，加热水没过肘子，大火烧开，转小火慢炖 2~3 小时，汤汁浓稠，收汁即可。

·营养贴士· 猪肘含有大量的胶原蛋白，具有润泽肌肤的功效。

枣蔻**煨肘**

主料 ▷ 猪肘 1 个，大枣 60 克

配料 ▷ 红豆蔻 12 克，冰糖 180 克，植物油适量

·操作步骤·

① 红豆蔻择洗杂质，拍破，用干净的纱布袋装后扎口；大枣去核。

② 将猪肘放入砂锅内，加水，武火烧沸，撇去浮沫。

③ 另取一炒锅放植物油和一半的冰糖炒成深黄色糖汁，连同其余冰糖、红豆蔻、大枣加入装有猪肘的砂锅内烧 1 小时，用文火慢煨至肘子熟烂即可。

·营养贴士· 本菜中猪肘润肤补阴，冰糖增甜润燥，大枣益气健脾，与红豆蔻同用，既可开胃增食，又可行气化湿。

酸菜炖猪肚

主 料▶ 猪肚 100 克，酸菜 50 克

配 料▶ 红灯笼椒 1 个，香菜 1 根，植物油、料酒、姜片、精盐、味精、胡椒粉各适量

·操作步骤·

① 猪肚处理干净后切片；酸菜洗净，沥干水分，切丝备用；红灯笼椒洗净；香菜洗净，切段备用。

② 锅置火上，倒入植物油，烧至五成热时下姜片炒香，烹入料酒，放入清水煮沸，然后拣出姜片，把汤汁移至汤锅，放入猪肚，煮沸后撇去浮沫。

③ 猪肚煮至八成熟时加入酸菜丝、红灯笼椒，用中火炖煮，最后加入精盐、味精、胡椒粉略煮，放上香菜装饰即成。

·营养贴士· 本菜具有开脾健胃的功效。

·操作要领· 猪肚可以用粗盐和白醋反复搓洗至表面无黏液即可。

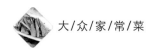

芸豆炖猪肚

主 料 ▶ 猪肚 600 克，芸豆 100 克

配 料 ▶ 植物油 30 克，料酒 20 克，姜片 15
克，食盐 8 克，味精 5 克，葱花 5 克，
鸡精 4 克，胡椒粉 3 克，白糖 2 克，
鲜汤 1000 克

·操作步骤·

① 猪肚刮洗干净，放入冷水锅内煮至断生，
捞出过凉，切成 5 厘米长的条；芸豆洗
净切段。

② 锅置旺火上，放入植物油烧至六成热，
放入姜片煸香，放入肚条稍煸，烹入料
酒，倒入鲜汤烧开，加食盐、味精、鸡
精、白糖调味，放入芸豆炖至软烂入味，
撒上胡椒粉和葱花即可。

·营养贴士· 芸豆是一种难得的高钾、高镁、
低钠食品，尤其适合心脏病、
动脉硬化、高脂血症、低血钾
症和忌盐患者食用。

肥肠炖豆腐

主 料 ▶ 豆腐、猪肥肠各 250 克

配 料 ▶ 葱、姜、蒜、酱油、精盐、料酒、
花椒、高汤、味精、红油、香油、
青蒜、猪油各适量

·操作步骤·

① 将肥肠切段，放入沸水锅内焯一下捞出，
沥干水分；豆腐切块，用沸水焯一下；葱、
姜切成末；蒜切片；青蒜切小段。

② 将锅置于旺火上，放入猪油烧热，用葱末、
姜末、蒜片炝锅。

③ 锅内放入肥肠块煸炒，加入高汤、酱油、
精盐、料酒、花椒，再放入豆腐，烧开
后转用中火炖 15 分钟。

④ 加入味精、红油，再炖 3 分钟，撒上青蒜段，
淋上香油即可。

·营养贴士· 猪肥肠具有润肠治燥、调血痢
脏毒的功效。

花肠炖菠菜

主料 ▶ 猪花肠 200 克，菠菜 50 克，干木耳 80 克

配料 ▶ 葱段、姜片、蒜片各 20 克，料酒 10 克，食盐 3 克，鸡精 2 克，植物油适量，胡椒粉、大料、花椒各少许

· 操作步骤 ·

① 猪花肠去除油脂，洗净切段；菠菜洗净切段；木耳泡发，洗净后撕成小朵。

② 锅中加水烧开，放入花肠汆烫 30 秒，捞出；再往锅中放入适量水、葱段、姜片、大料、花椒，将花肠放入煮熟，捞出沥水。

③ 炒锅入油烧至六成热，下入花肠炸至表面酥脆，捞出控油。

④ 锅中留底油，下入蒜片、料酒、适量水，倒入花肠炖至汤白，加入食盐、鸡精、胡椒粉、菠菜段、木耳炖熟即可。

· 营养贴士 · 本菜具有补虚强身、滋阴润燥、丰肌泽肤的功效。

· 操作要领 · 炖煮时加入山西汾酒可以去腥提香。

竹笋烧牛腩

主 料 牛腩 400 克，竹笋 200 克

配 料 葱末 5 克，姜末 4 克，料酒 3 克，白砂糖、淀粉各 5 克，豆瓣酱 5 克，味精 3 克，精盐 4 克，花生油 30 克，高汤适量

·操作步骤·

① 牛腩剁成小块；竹笋切成段。

② 锅内置花生油烧热，下牛腩小火煸炒至水分干，然后放入豆瓣酱、料酒、姜、葱炒香，再加入高汤旺火烧沸，撇去浮沫，改用小火煨 20 分钟。

③ 放入竹笋段再煮 10 分钟，然后加白砂糖、精盐、味精，用淀粉勾芡，装盘即成。

·营养贴士· 牛腩的脂肪含量很低，但它却是低脂的亚油酸的来源，还是潜在的抗氧化剂。

私房烧牛肉

主 料 牛肉 300 克，海带 150 克，黄豆芽 80 克

配 料 炖肉料 30 克，酱油 20 克，水淀粉 10 克，食盐 5 克，鸡精 3 克

·操作步骤·

① 牛肉洗净，切成大块，用清水浸泡 30 分钟。

② 海带洗净，切成段，放入清水中浸泡；黄豆芽洗净，切去根部。

③ 砂锅放清水，放入牛肉及炖肉料，大火煮开，撇去浮沫，转小火慢炖 1 个小时。

④ 然后放入海带、黄豆芽煮熟，调入酱油、食盐、鸡精，以水淀粉勾芡，即可出锅。

·营养贴士· 在油腻过多的食物中掺进点海带，可减少脂肪在体内积存。

核桃炖牛脑

主 料 牛脑1副，核桃肉300克，牛腱200克

配 料 姜1片、枸杞子、精盐、料酒各适量

·操作步骤·

① 牛脑浸在清水中、撕去薄膜、除去红筋，和牛腱一起放入开水中煮5分钟，取出冲洗净；牛腱切件。

② 把牛脑、牛腱、核桃肉、姜片、枸杞子、料酒放入炖盅内，加入适量开水，炖约3小时，食时用盐调味即可。

·营养贴士· 牛脑和核桃都是健脑食品，具有增强记忆力、延缓脑功能衰退的功效。

·操作要领· 牛脑、牛腱不宜久煮，否则会变老。

豆苗**滑炖鸡**

主　料➡ 鸡腿肉 300 克，豆苗 150 克

配　料➡ 蒜末 10 克，植物油、食盐、白糖、鸡精、水淀粉、番茄酱、红辣椒各适量

·操作步骤·

① 将鸡腿肉切块，加食盐、水淀粉腌渍 3 分钟备用；红辣椒切末备用；豆苗洗净备用。

② 锅中加植物油，待油热后将鸡肉倒入滑熟，盛出。

③ 坐锅点火倒植物油，下蒜末爆香，加入红辣椒末、番茄酱炒香，倒入开水，烧开后放入鸡肉，加白糖、食盐调味，小火炖 5 分钟，开盖后放入豆苗炖熟，放入鸡精出锅即成。

·营养贴士· 豆苗中富含人体所需的多种营养物质，尤其是含有优质蛋白质，可以提高机体的抗病能力和康复能力。

酱烧**凤爪**

主　料➡ 凤爪（鸡爪）500 克

配　料➡ 清汤 300 克，老抽、料酒各 50 克，番茄酱 25 克，白糖 15 克，姜片 10 克，食盐 3 克，植物油适量，鸡精、香菜叶少许

·操作步骤·

① 凤爪去爪尖，清洗干净，放入碗中，加入一半老抽、料酒腌渍片刻。

② 锅中置油烧热，将凤爪下锅炸至变色捞出，控油。

③ 锅底留油，将姜片炒香，下入凤爪、清汤，加食盐、老抽、料酒、番茄酱、白糖，调中火慢慢煮制、收汁，待汤汁浓稠，撒上鸡精拌匀，点缀上香菜叶即可。

·营养贴士· 此菜含有丰富的钙质及胶原蛋白。

锅仔泡椒炖鸭肉

主 料 鸭肉 500 克

配 料 葱花、姜末、精盐、植物油、酱油、灯笼泡椒、香菜碎、白糖各适量

·操作步骤·

① 将鸭肉洗净后，放入凉水中，直到水沸腾时，捞出即可。

② 锅中加入少量的植物油，将葱花、姜末放入炒出香味，放入灯笼泡椒，用小火炒出红油，然后放入焯好的鸭肉，加入1勺酱油，炒至上色。

③ 改中火翻炒均匀后，加入适量的白糖、精盐、开水，用中火慢慢炖至鸭肉全熟，最后撒香菜碎收汁即可。

·营养贴士· 此菜对心肌梗死等心脏疾病具有一定的防治作用。

·操作要领· 调料中要选用灯笼泡椒提味。

红烧鹌鹑

主料 鹌鹑 1 只

配料 竹笋 50 克，水发香菇若干，葱花少许，植物油、姜片、白糖、精盐、鸡精、料酒、老抽各适量

·操作步骤·

① 将鹌鹑清洗干净，对半切开，放入锅中，放清水，煮开后，撇净血沫，将鹌鹑捞出剁成小块；竹笋切小段；香菇切厚片。

② 炒锅放油、白糖各适量，小火熬糖色。

③ 倒入鹌鹑块，翻炒几下，倒入少许料酒和老抽，加入竹笋段和姜片，再倒入将要没过鹌鹑的温水，盖上锅盖中火炖20分钟左右。

④ 放入精盐、鸡精，大火收汁，待汤汁变稠撒上葱花即可出锅。

·营养贴士· 鹌鹑肉的蛋白质含量很高，脂肪和胆固醇含量相对较低，有健脑滋补的作用。

虫草炖鹌鹑

主料 鹌鹑 1 只，冬虫夏草 5 个

配料 生姜、葱白各 10 克，胡椒粉 2 克，食盐 5 克，鸡汤 300 克，枸杞、泡发香菇、白酒各适量

·操作步骤·

① 冬虫夏草去灰屑，用白酒浸泡，洗净；鹌鹑宰杀，沥净血，用温水烫透，去毛、内脏及爪，放沸水中略焯 1 分钟，捞出晾冷；葱白切断；姜切片；泡发香菇去蒂洗净。

② 在鹌鹑的腹内放入虫草，然后放入盅子内，鸡汤用食盐和胡椒粉调好味，灌入盅内，放入枸杞、葱白段、姜片、香菇，用湿绵纸封口，炖 40 分钟即可。

·营养贴士· 此菜具有滋肺润肾、强筋健骨之功效。

山药**炖鸽**

主 料▶ 净菜鸽 1 只（约重 250 克），山药 100 克

配 料▶ 鸡汤 750 克，香菜 1 根，葱结、姜块、食盐、冰糖、料酒、熟鸡油各适量

·操作步骤·

① 山药去皮，洗净，切成薄片，放开水锅中烫一下捞出。

② 把鸽子从腹部靠近肛门附近处开一小口，留肫、肝，掏出其他内脏不要，洗净；放开水锅中烫一下，取出再次清洗，放入汤碗中。

③ 加山药片、葱结、姜块（拍松）、食盐、冰糖、料酒和鸡汤，盖上大盘，炖 2 小时后，拣去山药片、葱结，淋上熟鸡油，用香菜点缀即可。

·营养贴士· 鸽肉里含有丰富的泛酸，对防止脱发、白发和未老先衰等都有很好疗效。

·操作要领· 汤碗要盖严，能保持原汁原味。

虾仔烧冬笋

主料 冬笋 200 克，虾仔 50 克，豌豆 20 克

配料 酱油、食用油、食盐、味精、葱花各适量

操作步骤

准备好所需主材料。

将冬笋切成长条状。

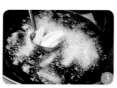

锅内放入食用油，油热后放入冬笋炸至八分熟，捞出控油，锅内留少量油备用。

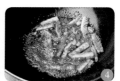

锅内放入虾仔、冬笋、豌豆、酱油翻炒，至熟后放入食盐、味精调味，撒上葱花即可。

营养贴士： 冬笋是一种高蛋白、低淀粉食品，它所含的多糖物质，还具有一定的抗癌作用。

操作要领： 调料中加入郫县辣椒酱可以增加食欲，利于下饭。

干烧**大虾**

主料 明虾 2 尾

配料 青菜 1 棵，蒜瓣、姜、淀粉、酒酿、米酒、糖、醋、香油、高汤、葱花、食用油、辣豆瓣酱、番茄酱、精盐各适量

·操作步骤·

① 明虾去须，保留虾身及头部，背部划一刀，挑出虾线，洗净，均匀撒上淀粉；青菜洗净焯熟；姜、蒜瓣切末。

② 锅中倒入食用油烧热，放入明虾炸至红色，捞出；锅中留底油，放入蒜末、姜末爆香，加入辣豆瓣酱、番茄酱炒匀。

③ 锅中放少许水，加入酒酿、米酒、糖、醋、香油、精盐、高汤，煮滚后放入明虾煮熟，加入葱花拌匀，最后用湿淀粉（淀粉加水）勾芡，盛盘，用青菜叶点缀即可。

·营养贴士· 明虾富含蛋白质，中医认为，其味甘咸性温，可补肾壮阳、滋阴健胃。

干烧**鲫鱼**

主料 鲫鱼 1 条

配料 香菜叶、葱花、糖、精盐、辣椒酱、胡椒粉、鸡粉、红油、植物油各适量

·操作步骤·

① 把鲫鱼清理干净，用糖、胡椒粉、辣椒酱腌渍；香菜切叶备用。

② 平底锅放少许植物油，把鱼放入剪至两面金黄后取出。

③ 炒锅放植物油烧热，爆香葱花，加水，加入鸡粉、精盐、胡椒粉，煮至汤汁只剩一半。把鱼放入，大火烧开，改用小火烧10 分钟，中途将鱼翻转一次。

④ 把鱼捞出，倒上红油，用香菜叶装饰即成。

·营养贴士· 鲫鱼所含的蛋白质质优、齐全、易于消化吸收，是肝肾疾病、心脑血管疾病患者的良好蛋白质来源，常食可增强抗病能力。

番茄柠檬炖鲫鱼

主 料▶ 鲫鱼1条，番茄、油菜、柠檬片各适量

配 料▶ 精盐、胡椒粉、油、料酒各适量

·操作步骤·

① 鲫鱼去鳞、内脏和鱼肚子里的黑膜，清洗干净，切块，加精盐、柠檬片腌渍片刻；番茄洗净切块；油菜洗净备用。

② 锅置火上，倒油烧热，下入鲫鱼块煎至两面上色，然后添入热水，煮沸后撇去浮沫，加入番茄块、柠檬片、油菜，大火煮约6分钟，最后加精盐、料酒、胡椒粉调味即成。

·营养贴士· 此菜具有开胃健脾的功效。

蒜薹干烧鲅鱼

主 料▶ 鲜鲅鱼500克，蒜薹、火腿各适量

配 料▶ 红辣椒、蒜汁、姜汁、老抽、料酒、白糖、精盐、鸡精、植物油各适量

·操作步骤·

① 蒜薹择洗干净，切成小段备用；火腿切丁备用；鲜鲅鱼收拾干净，去头在两面割几刀备用；红辣椒切末备用。

② 炒锅加植物油烧热，倒入蒜汁、姜汁，放入蒜薹段、红辣椒末、火腿丁煸炒一会，炒出香味时加入鲅鱼。

③ 在锅中加入老抽、料酒、白糖、精盐、鸡精和足量的开水。

④ 大火煮开，然后转入小火慢炖15分钟，待汤汁少而浓时，出锅即成。

·营养贴士· 本菜具有提神和防衰老等食疗功效。

鱼头炖豆腐

鲤鱼头 1 个，豆腐
200 克

清汤 500 克，白萝
卜、银耳各 50 克，
黄酒 15 克，枸杞
10 克，葱段、姜片、
蒜瓣各适量，鸡毛
菜、胡椒粉、食盐
各少许

·操作步骤·

① 鱼头去鳃、鳞，洗净晾干；豆腐用水煮开，
切块；白萝卜洗净切薄片；鸡毛菜择好，
洗净。

② 砂锅加入清汤、枸杞大火煮开，放入鱼头、
葱段、姜片、蒜瓣、黄酒、胡椒粉，再
次煮滚转中火煮 10 分钟左右，再转大火
煮一会儿，至鱼汤发白。

③ 再转小火煮 10 分钟，倒入豆腐块、白萝
卜片、鸡毛菜、银耳大火煮滚，加食盐
调味，即可出锅。

·营养贴士· 鲤鱼能降低胆固醇，防治动
脉硬化、冠心病等。

·操作要领· 做这道菜时火候要把握好，
否则鱼汤不易发白。

红烧**龟肉**

主 料▶ 龟 1 只（250 ~ 500 克）

配 料▶ 黄酒 20 克，菜油 60 克，香菜段、生姜片、花椒、冰糖、酱油各适量

·操作步骤·

① 将龟处理干净，取肉切块。

② 锅中加菜油，烧热后，放入龟肉块，反复翻炒，再加生姜片、花椒、冰糖，烹入酱油、黄酒，加适量清水，用文火煨炖，至龟肉熟烂，盛出用香菜段点缀即可。

·营养贴士· 红烧龟肉具有滋阴补血的功效，适用于阴虚或血虚患者所出现的低热、咯血、便血等症。

老豆腐**炖鲶鱼**

主 料▶ 老豆腐 500 克，鲶鱼 500 克

配 料▶ 白醋 50 克，盐 10 克，干辣椒、蒜、香菜、油、生抽、豆瓣酱各适量

·操作步骤·

① 把鲶鱼剁成 1~1.5 厘米的鱼段，加入盐和白醋，反复搓洗，直到无黏液为止，清水洗净；老豆腐切厚片；干辣椒切段；蒜切末；香菜切段。

② 热锅冷油，油热后，放入干辣椒和蒜末爆香，将鲶鱼倒入锅中翻炒几下，倒入豆瓣酱翻炒均匀。

③ 倒入生抽，翻炒均匀后加水，放入老豆腐，开中火炖至老豆腐起孔，再炖 10 分钟后放入香菜即可出锅。

·营养贴士· 鲶鱼是鱼中珍品，具有独特的强精壮骨和益寿作用。

红烧肉海参

主料 五花肉 400 克，海参 200 克

配料 葱、姜各 5 克，冰糖、老抽、精盐、料酒、植物油各适量

·操作步骤·

① 五花肉切块，放清水里浸泡 10 分钟，倒入小半杯的料酒去腥；海参泡发后放锅里蒸 30 分钟，凉透后备用；葱、姜切末备用。

② 炒锅里放少量植物油加热，放入五花肉小火慢慢煸炒，等到肉微微发黄时，把锅里的油倒出来。

③ 加入老抽，煸炒上色后，放入葱末、姜末，加入半锅热水和料酒，大火烧开后转小火。

④ 加入适量的冰糖调味，等到肉炖到五成熟时，把海参放进去，接着炖。

⑤ 等到肉熟烂、海参软糯后，加入一点点精盐调味，汤汁收紧后即成。

·营养贴士· 海参不仅是珍贵的食品，也是名贵的药材，具有提高记忆力、延缓性腺衰老、防止动脉硬化以及抗肿瘤等作用。

·操作要领· 肉炖到五成熟时放入海参，这样海参炖出来才会硬度适中。

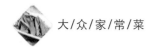
山药桂圆炖甲鱼

主料 甲鱼1只(约重500克),山药60克, 桂圆50克

配料 香菜适量,盐少许

·操作步骤·

① 先将甲鱼宰杀,去内脏洗净;山药去皮切片;桂圆剥壳。

② 甲鱼连甲带肉加适量水,与山药片、桂圆肉清炖,至炖熟,加少许盐调味,放上香菜点缀即可。

·营养贴士· 此菜具有滋阴退热、软坚散结的功效,现多用于慢性肝炎、肝硬化、肝脾肿大及病后阴虚等。

蒜子烧裙边

主料 蒜瓣200克,鲜甲鱼裙边400克, 五花肉100克,鸡半只

配料 葱末、姜末各25克,黄酒100克, 胡椒粉、水淀粉各少许,油、西蓝花各适量

·操作步骤·

① 甲鱼裙边放入开水锅内烫一烫取出,刮去黑皮,洗净后切成大小均匀的斜象眼块;蒜瓣放入热油中炸至上色;西蓝花洗净后掰小朵,焯水备用。

② 五花猪肉、鸡分别剁成块,放入开水焯,去血污后,和甲鱼裙边一起放入锅内,加入黄酒、葱末、姜末和适量的水,以大火烧开,中火煨至甲鱼裙边八成熟时捞出。

③ 炒勺上火,略放底油,放入葱末、姜末、蒜瓣、煨甲鱼裙边的汤,调好口味,放入甲鱼裙边、五花肉、鸡肉、西蓝花,略放少许胡椒粉、水淀粉勾兑出锅即可。

·营养贴士· 甲鱼裙边具有滋阴凉血、补益调中、补肾健骨、散结消痞等功效。

红烧**海螺**

主料 鲜海螺肉 250 克，木耳 25 克，冬瓜 100 克，鲜香菇 80 克

配料 植物油 120 克，葱、姜各 8 克，蒜 2 克，绍酒 16 克，酱油 8 克，白糖 25 克，精盐 3 克，芝麻油 20 克，醋、清汤、湿淀粉各适量，油菜少许

·操作步骤·

① 海螺肉洗净，剞出十字花刀，用精盐、醋搓净黏液，清水漂洗后，切块，放入开水锅中焯一下，捞出沥净水分；冬瓜去皮切成薄片；葱、姜、蒜均切末；木耳洗净撕小朵备用；鲜香菇切块备用；油菜去根、洗净。

② 锅内生油烧至八成热时，将海螺肉放入锅中煸炒后，迅速捞出沥干油。

③ 锅内余油烧四成热时放入葱末、姜末、蒜末爆香，加入绍酒、冬瓜片、木耳、香菇块、油菜略炒，加清汤、酱油、白糖、精盐、海螺肉，移至微火上烧 2 分钟，用湿淀粉勾芡，淋入芝麻油，盛入盘内即成。

·营养贴士· 本菜肉质鲜嫩，有利膈益胃的功效。

·操作要领· 烧海螺肉时不可时间过长，否则肉质会失之鲜嫩。

家常烧带鱼

主料 带鱼 500 克

配料 大蒜 5 瓣, 葱 5 克, 姜 4 克, 八角 1 个, 干辣椒 3 个, 植物油 100 克, 啤酒 200 克, 精盐、豆瓣酱、生抽、老抽、白糖各适量

·操作步骤·

① 将带鱼洗净切成段; 蒜瓣去皮; 葱切花; 姜切片。

② 锅中油热后将姜片、蒜瓣、干辣椒、八角放入炒香, 加适量豆瓣酱和老抽炒香, 加适量清水, 加少许白糖提鲜, 倒进啤酒, 锅中水烧开后, 将处理好的鱼倒入, 水量刚没过鱼为宜。

③ 加少许精盐和生抽调味, 待锅中水分差不多收干, 撒上葱花即可。

·营养贴士· 带鱼的脂肪含量高于一般鱼类, 且多为不饱和脂肪酸, 具有降低胆固醇的作用。

蜀香烧鳝鱼

主料 鳝鱼 500 克

配料 油菜 3 棵, 大葱、姜、蒜、生抽、辣椒油、熟芝麻、精盐、味精、植物油各适量

·操作步骤·

① 鳝鱼洗净, 去除内脏切段; 油菜洗净, 对切成两半, 用热水焯熟, 摆在盘底; 大葱切段; 姜、蒜切末。

② 锅中倒植物油烧热, 放入葱段、姜末、蒜末爆香, 倒入鳝鱼段翻炒至八成熟时, 加入生抽、辣椒油、精盐、味精焖一会儿, 等鱼肉完全熟透后, 出锅装在摆有油菜的盘子里, 撒上熟芝麻即可。

·营养贴士· 鳝鱼具有补气养血、温阳健脾、滋补肝肾、祛风通络等作用。

大蒜**烧鳝鱼**

主　料 鳝鱼 500 克，大蒜 200 克

配　料 青椒 2 个，火腿 1 根，姜末 8 克，精盐 10 克，酱油 8 克，胡椒粉 5 克，湿淀粉 20 克，菜籽油 125 克

·操作步骤·

① 鳝鱼剖开，去内脏、骨及头尾，洗净，切成长约 4 厘米的段；大蒜剥去皮洗净；青椒、火腿切细条。

② 锅内倒菜籽油烧至七成热，放入鳝鱼段，加少许精盐煸炒，煸至鳝鱼段不粘锅、吐油时铲起。

③ 锅内另倒菜籽油烧至五成热，下青椒条、火腿条煸至断生，同时把鳝鱼段、大蒜、姜末、酱油、胡椒粉下锅，用中火慢烧。

④ 下湿淀粉收浓汁，亮油，起锅入盘即可。

·营养贴士· 大蒜中含硒较多，具有很好的抗氧化作用，因此适量吃些大蒜有助于减少辐射损伤。

·操作要领· 所有食材和调料下锅以后，应以中火慢烧，并以大蒜烧熟为度。

河蚌炖风鸡

主料 蚌肉 500 克，风鸡 1000 克

配料 绍酒 20 克，姜 2 片，精盐 10 克，胡椒粉 2 克，青笋块、葱花各适量

·操作步骤·

① 风鸡切块；蚌肉去泥肠洗净。

② 炒锅上火，放入蚌肉、姜片、绍酒和少许清水，用旺火烧沸，撇去浮沫，上小火焖 10 分钟，再放入风鸡同炖。

③ 旺火烧沸后，移小火炖约 2 小时至蚌肉、风鸡酥烂时，放入青笋块烫熟，加入精盐，起锅装入汤碗内即成，吃时撒入胡椒粉和葱花。

·营养贴士· 蚌肉具有清热、滋阴、明目、解毒的功效。

·操作要领· 贝类本身极富鲜味，烹制时千万不要再加味精，也不宜多放盐，以免损坏鲜味。

家常蒸菜

Chapter 4

古法蒸茄子

主　料 ▶ 长茄子 2 个，瘦肉 150 克，红枣、干香菇各 50 克

配　料 ▶ 姜丝 30 克，蒜末、蚝油、植物油、白糖、鸡精、食盐、酱油各适量

· 操作步骤 ·

① 瘦肉洗净切丝；红枣洗净后去核，切丝；干香菇泡发，洗净切丝；长茄子洗净，在两面用刀划开若干口子。

② 将瘦肉丝、红枣丝、香菇丝、姜丝置入碗内，加入蒜末、植物油、蚝油、白糖、鸡精、食盐、酱油和半杯清水拌匀，做成古方酱料。

③ 取一个深盘，放入茄子，把古方酱料均匀地浇在茄子表面。

④ 烧开锅中的水，放入茄子用大火蒸 35 分钟即可出锅。

· 营养贴士 · 茄子含有维生素 E，有防止出血和抗衰老的功效。

腊味蒸娃娃菜

主　料 ▶ 娃娃菜 300 克，腊肉 150 克

配　料 ▶ 葱花、精盐各适量

· 操作步骤 ·

① 腊肉洗净入沸水中煮 2 分钟，捞起沥干，切成薄片。

② 娃娃菜洗净，对半切开，再横切成长条，切好后铺在蒸盘上，均匀地撒点精盐。

③ 铺好后，将腊肉片摊在最上面，上笼蒸 15 分钟，撒上葱花即可。

· 营养贴士 · 娃娃菜的钾含量比白菜高很多，钾是维持神经肌肉应激性和正常功能的重要元素，经常有倦怠感的人多吃点娃娃菜可有不错的调节作用。

鸡腿菇蒸肉

主 料 五花肉 300 克，鸡腿菇 100 克

配 料 红尖椒 30 克，蚝油、花生油、食盐、姜片、老抽、高汤各适量

·操作步骤·

① 锅中加水，倒入洗净的五花肉熬煮，煮至七成熟时捞出切成片状；红尖椒切碎；鸡腿菇洗净切块，用沸水焯一下。

② 将高汤倒入锅中，加入鸡腿菇、食盐、老抽熬煮片刻。

③ 把鸡腿菇放置盘中，上面整齐摆好肉片，加入食盐、蚝油、老抽拌匀，再撒上红尖椒、姜片，浇上花生油，入笼蒸约 15 分钟即可。

·营养贴士· 鸡腿菇具有很高的营养价值，经常食用有助于增进食欲、增强人体免疫力。

·操作要领· 熬煮五花肉时要注意用小火，若大火猛煮，会导致五花肉外烂内生，且鲜香味降低。

咸肉蒸双白

主 料 自制咸肉、娃娃菜、冻豆腐各 200 克

配 料 高汤 100 克，食盐 10 克，猪油 10 克，鸡精 5 克

·操作步骤·

① 娃娃菜纵向改刀成两半，入沸水中焯水至断生，捞出控水；冻豆腐切成 0.5 厘米厚的片，入沸水中焯水 1 分钟捞出，沥干水分；咸肉洗净切成薄片。

② 取盘将冻豆腐整齐排列在底部，上铺娃娃菜，最上一层盖上咸肉片，然后加上食盐、鸡精、高汤、猪油上笼旺火蒸 15 分钟即可。

·营养贴士· 冻豆腐中有一种酸性物质，能够分解人体内积存的脂肪，所以吃冻豆腐有助减肥。

花蒸肉饼

主 料 芒果、猪肉各 100 克，洋葱适量

配 料 豌豆 10 克，生姜 10 克，精盐、味精各 5 克，胡椒粉、干生粉各适量

·操作步骤·

① 芒果去皮切丁备用；猪肉剁成泥备用；生姜去皮切末备用；豌豆洗净，焯水后捞出备用；洋葱切片备用。

② 猪肉用碗装上，调入精盐、味精、姜末、胡椒粉、干生粉，打成糊状，倒入碟内成饼形，上面撒上芒果丁、豌豆备用。

③ 蒸锅烧开水，放入肉饼用旺火蒸 8 分钟拿出，周围用洋葱片点缀即成。

·营养贴士· 芒果所含有的维生素 A 的前体胡萝卜素成分特别高，具有防癌、抗癌的作用。

肉蒸白菜卷

主料 大白菜叶 3 片，猪肉馅 200 克，鸡蛋 1 个

配料 精盐、味精、酱油、淀粉、香油、胡椒粉各适量

·操作步骤·

① 大白菜叶去除硬梗，烫熟，泡在冷水中备用。

② 猪肉馅里打入 1 个鸡蛋，再加精盐、味精、酱油、胡椒粉、淀粉、香油调匀，放适量在白菜叶上，卷成一个个小卷。

③ 将卷好的菜卷摆放到碗里，再将整碗的菜卷放到锅里，小火蒸大约 20 分钟即可。

·营养贴士· 此菜具有养阴清热、润泽祛痘之功效。

·操作要领· 白菜叶要选大点的，方便卷肉。

鲍汁 莲藕夹

主 料 莲藕片 400 克，肉馅 100 克

配 料 鲍鱼汁适量

操作步骤

将夹好肉馅的莲藕片在盘中码放整齐，然后将鲍鱼汁浇在菜品上，上锅蒸 10 分钟即可食用。

将肉馅塞在莲藕片与莲藕片之间。

准备好所需主材料。

烹饪心得

营养贴士：此菜具有益血生肌的功效。

操作要领：莲藕不宜蒸得过软。

梅菜**扣肉**

主 料▶ 五花肉 1 块，梅菜 1 棵

配 料▶ 葱花、姜蓉、生抽、老抽、蚝油、白糖、精盐、味精、淀粉、食用油各适量

·操作步骤·

① 梅菜泡开洗净，挤干水分后切碎，换干净的水继续浸泡；五花肉洗净，放入开水中煮至八成熟，捞起沥干水分，抹精盐，腌 30 分钟左右。

② 锅内放食用油烧开，用中火炸肉，皮在下肉在上，然后翻转过来，直至全部炸到肉皮卷曲，捞起放凉，切成片状，皮在下肉在上，整齐地摆放在大碗内，梅菜挤干水分，铺放到肉的上面。

③ 准备一碗调味汁：姜蓉、生抽、老抽、蚝油、白糖、精盐、味精、清水，拌匀后均匀倒入五花肉梅菜上面，放进蒸锅蒸 90 ~ 120 分钟。

④ 取出蒸好的大碗，轻轻滗出汤汁；在汤汁加少许淀粉，调成芡汁，用盘子盖住大碗，双手瞬间倒扣，即成"扣肉"形状；烧热锅，放一点食用油，转小火，将刚才的芡汁煮成玻璃芡，浇到扣肉上，撒葱花即可。

·营养贴士· 此菜具有益血生津、补中益气的功效。

·操作要领· 梅菜中有细沙，要放在清水中浸泡一会儿，多洗几遍。

腐乳蒸五花肉

主 料 五花肉 500 克，南腐乳 3 块，蒸肉
米粉 30 克

配 料 精盐、白糖各适量

·操作步骤·

① 五花肉洗净，切成小块。

② 南腐乳压碎，放入精盐和白糖调匀。

③ 将调好的南腐乳均匀地搅到肉里边腌渍
30 分钟，然后裹上一层蒸肉米粉上锅蒸
熟即可。

·营养贴士· 此菜具有增进食欲、帮助消化
的功效。

扣碗酥肉

主 料 猪肉 400 克，鸡蛋 2 个

配 料 淀粉 30 克，老抽、料酒各 15 克，
大葱 1 段，姜数片，大蒜 3 瓣，精
盐 5 克，香菜、泡发木耳、花椒、
枸杞、植物油各适量

·操作步骤·

① 将猪肉切长条；葱切段，姜、蒜切片；
将淀粉、鸡蛋加水搅成面糊，将肉条放
进面糊里滚一圈。

② 中火把油烧热了，放入猪肉条，中火炸
至金黄色，捞出。锅中留少许底油，放
入葱段、姜片、蒜片、花椒爆香，随后
放入木耳和枸杞，倒适量的水、精盐、
料酒、老抽。

③ 将炒好的木耳和肉混合，放入蒸锅蒸 45
分钟，出锅后撒上香菜即可。

·营养贴士· 此菜具有降血压、降血脂、利
尿消炎的功效。

荷叶粉蒸肉

主 料 五花肉 300 克，炒米粉 150 克

配 料 荷叶 2 张，香葱 1 棵，生姜 1 小块，
香油、酱油、料酒、甜面酱、五香粉、
白糖各适量

·操作步骤·

① 将肉洗净切成厚片，放入盆中；荷叶用
热水烫软备用；葱、姜洗净切丝。

② 将酱油、甜面酱、白糖、料酒、葱丝、姜丝、
五香粉、香油放入装肉片的盆内，拌匀

腌 30 分钟，再加炒米粉拌匀，逐片放入
铺有荷叶的蒸笼内，用大火蒸 2 小时左
右即可。

·营养贴士· 荷叶味清香，可凉血解毒，
包裹炒米粉和猪肉，鲜肥
软糯而不腻，非常开胃。

·操作要领· 用蒸肉粉拌猪肉的时候可以
加少许的水，这样蒸出来
的粉蒸肉口感香糯软绵。

青豆粉蒸肉

主料 五花肉 500 克，青豌豆 50 克，蒸肉粉 100 克

配料 姜米 10 克，菜籽油、醪糟汁各 50 克，甜酱 10 克，胡椒粉 3 克，清汤 100 克，酱油、麻油各 15 克，味精、盐、白糖、葱花各适量

·操作步骤·

① 五花肉切成 6 厘米长、2 厘米宽的薄片，用盐、胡椒粉、味精、醪糟汁、白糖、酱油、甜酱、姜米拌匀码味，然后加入蒸肉粉，用清汤拌匀，再加入生菜籽油搅拌均匀，装入蒸碗内。

② 青豌豆入沸水，出水沥干，放在拌好的五花肉上。上笼用旺火蒸 60 分钟，待豆软肉烂时取出放于圆盘内，撒上葱花，淋上麻油即可。

·营养贴士· 青豌豆富含不饱和脂肪酸和大豆磷脂，有保持血管弹性、健脑和防止脂肪肝形成的作用。

酸菜蒸肉

主料 五花肉 300 克，酸菜 200 克

配料 红辣椒末、香油、精盐、辣椒粉、鸡精、生抽、老抽各适量

·操作步骤·

① 五花肉洗净，切块，用精盐、辣椒粉、生抽、老抽腌渍 20 分钟，使之变色。

② 酸菜垫碗底，盖上腌渍好的肉块，撒上辣椒粉、红辣椒末、鸡精，淋少许水、香油，放入高压锅大火上气蒸 1 小时即可。

·营养贴士· 本菜具有解热、补肾气虚弱之功效。

豆豉蒸排骨

主 料▶ 小排骨 300 克，传统豆腐 1 块

配 料▶ 豆豉酱 30 克，料酒、食盐、鸡精、葱花、红薯淀粉、高汤各适量

·操作步骤·

① 小排骨先用料酒和食盐腌 15 分钟，拌上红薯淀粉，再加入豆豉酱搅拌均匀。

② 将豆腐从中间剖开，切成大块，铺在盘底，上面撒点食盐、鸡精，再将拌匀的小排骨铺排在上面，浇入适量高汤，放入蒸锅中蒸 1 小时至小排骨熟烂，取出去除保鲜膜，撒上葱花即可。

·营养贴士· 豆豉中含有多种营养素，可以改善胃肠道菌群，常吃豆豉还可帮助消化、预防疾病、延缓衰老、增强脑力、降低血压、消除疲劳和提高肝脏解毒功能。

·操作要领· 在蒸之前将排骨拌上红薯淀粉，可使排骨更加嫩滑。

清蒸**排骨**

主 料 猪排 500 克

配 料 冬笋（水发玉兰片、茭白均可）60 克，精盐 25 克，料酒 10 克，味精 10 克，葱丝 40 克，姜丝 20 克，高汤（或水）800 克

·操作步骤·

① 将猪排剁成 4 厘米长的段，用开水烫一下洗净；冬笋切片。

② 将猪排放入碗内，再分别放上冬笋片、葱丝、姜丝、味精、料酒、精盐、高汤，上笼用旺火蒸 60 分钟即成。

·营养贴士· 此菜可为幼儿和老人提供钙质，具有滋阴、润燥、润肌肤、利便和止消渴等功效。

酱蒸 **排骨**

主 料 猪大排 500 克

配 料 姜 2 片，蒜 3 瓣，酱油、料酒、白糖、精盐、小葱各适量

·操作步骤·

① 猪大排洗净，剁成块备用；蒜拍碎，小葱切葱花备用；蒜碎和姜片放到排骨上，倒入适量酱油和料酒，加精盐、白糖放到高压锅中。

② 高压锅上汽后关小火再煮 10 分钟，关火再焖 5 分钟，起锅撒上葱花即可。

·营养贴士· 此菜具有补中益气、滋养脾胃的功效。

清蒸猪脑

主 料 猪脑 1 只，山药 25 克

配 料 黄酒、葱花、姜、胡椒粉、精盐、枸杞、味精各适量

·操作步骤·

① 猪脑用水洗净，揭去表面的红色血丝，加上精盐、胡椒粉码味片刻；山药洗净去皮，切片。

② 将山药、猪脑放入浅盘，放入葱花、姜、味精、枸杞、黄酒，上屉蒸约 15 分钟即可。

·营养贴士· 此菜具有健脑补髓、增强记忆力的功效。

·操作要领· 一定要将猪脑上面的红色血丝清理干净，用牙签轻轻地、慢慢地挑，不然把肉给弄碎了就会影响最终的口感。

开胃椒**蒸猪脚皮**

主 料　猪脚皮 500 克

配 料　植物油 20 克，鲜红尖椒 1 个，精盐 3 克，鸡粉 5 克，蚝油 5 克，葱花 5 克，酱椒、小米椒、豆豉各适量

·操作步骤·

① 把猪脚皮切大块，放入大碗中；将酱椒、小米椒剁碎，加入精盐、豆豉，用热植物油烧制成酱椒汁，然后放入鸡粉、蚝油冷却；鲜红尖椒切粒。

② 把冷却的酱椒汁浇在猪脚皮上，撒上之前切好的鲜红尖椒，入笼蒸，蒸至猪脚皮酥烂，撒上葱花即可。

·营养贴士·　本菜有养颜美容、补中益气的功效。

螺旋**腊肉**

主 料　五花腊肉 300 克，鸡婆笋 100 克

配 料　豆豉 20 克，干椒汁 15 克，精盐、味精各 5 克

·操作步骤·

① 将五花腊肉洗净，入笼蒸熟，切成薄片；鸡婆笋切成段，焯水，捞出控水。

② 用腊肉片将鸡婆笋卷紧，放入蒸钵内，用豆豉、干椒汁、精盐、味精调成料汁，点在腊肉上，入笼蒸熟，取出摆盘即可。

·营养贴士·　腊肉中磷、钾、钠的含量丰富，具有开胃祛寒、消食等功效。

粉蒸肥肠

主 料 肥肠 500 克

配 料 干米粉 100 克，土豆 100 克，花生油、酱油、辣椒粉各 25 克，辣椒酱 40 克，葱花 5 克，精盐、味精各适量

·操作步骤·

① 肥肠洗净、切段；土豆去皮洗净，切厚片备用。

② 用花生油、酱油、辣椒粉、胡椒粉、干米粉、精盐、味精、水拌匀肥肠，待用。

③ 将土豆片铺在蒸格的底部，上面放上拌好的肥肠，淋上辣椒酱，蒸 70 分钟，撒上葱花即可食用。

·营养贴士· 此菜具有健胃开脾的功效。

·操作要领· 做这道菜时蒸的时间一定要够长，至少 1 个小时，肥肠才会变得软糯，吃起来比较润。

小笼**粉蒸肉**

主 料 牛肉 300 克，酸菜 100 克，糯米粉 80 克

配 料 酱油 25 克，葱花、姜末各 15 克，豆瓣酱 15 克，甜面酱、料酒各 10 克，淀粉、白糖各 5 克，鸡精 2 克，植物油适量，胡椒粉、香菜各少许

·操作步骤·

① 牛肉去筋，洗净，切成片，装在碗内，加入葱花、姜末，放入甜面酱、豆瓣酱、酱油、料酒、白糖、鸡精、淀粉、糯米粉、植物油拌好，腌渍片刻。

② 酸菜放入清水中投洗 1 遍，挤干水分，摆放在盘底；香菜洗净，切段。

③ 裹匀糯米粉的牛肉片铺在酸菜上，蒸锅水烧开，将盘放入蒸笼，用旺火、足气蒸 1 小时，待牛肉熟透取出，撒上胡椒粉、香菜段即可。

·营养贴士· 此菜具有补中益气、滋养脾胃、强健筋骨的功效。

豆豉尖椒**蒸牛肉**

主 料 瘦牛肉 370 克

配 料 红尖椒、洋葱各 10 克，豆豉酱、酱油各 30 克，胡椒粉 3 克，葱、姜各 8 克，料酒 13 克，香油适量

·操作步骤·

① 葱切成葱花备用；红尖椒切成圈备用；姜切末备用；洋葱切丝备用。

② 牛肉切成薄片，用酱油、豆豉酱、胡椒粉、料酒拌匀，撒上葱花、红尖椒圈、姜末、洋葱丝，放入碗中上屉蒸熟。

③ 从蒸笼中取出牛肉，浇上香油即成。

·营养贴士· 本菜能增强免疫力，促进蛋白质的新陈代谢合成，有助于紧张训练后身体的恢复。

牛肉山芹丸

主 料 牛肉 300 克，芹菜 50 克，鸡蛋 2 个

配 料 植物油 20 克，苏打粉、精盐、葱、姜、胡椒粉各适量

·操作步骤·

① 芹菜洗净后切小段，焯水备用；葱、姜切末备用。

② 牛肉剁成末，加少量清水和苏打粉搅拌，直到牛肉吸收了水分，然后加植物油、精盐、胡椒粉搅拌均匀，随后拌入葱、姜、芹菜段备用；打鸡蛋，取蛋清备用。

③ 把拌好的牛肉挤成丸子，再裹上蛋清，放到蒸笼上蒸熟即成。

·营养贴士· 常吃芹菜，可预防高血压、动脉硬化，并有辅助治疗作用。

·操作要领· 用刀背拍剁牛肉可以让牛肉末变得更细滑。

口蘑蒸羊肉

主料 口蘑 100 克，羊肉 200 克，白菜 200 克

配料 芥蓝少许，食盐、白糖、酱油、黑胡椒粉、香油各适量

· 操作步骤 ·

① 将白菜洗净，取其杆茎，切段；芥蓝洗净，切碎。

② 羊肉、口蘑切成片，加酱油、白糖、食盐、黑胡椒粉、香油、芥蓝拌匀，腌渍 10 分钟。

③ 将白菜杆茎铺在盘子中，放入腌渍好的羊肉、口蘑，锅开后放入蒸 10 分钟即可。

· 营养贴士 · 此菜具有调节甲状腺、提高免疫力、抑制血清和肝脏中胆固醇上升的功效。

瓜盅粉蒸鸡

主料 土鸡 1 只，蒸肉粉 100 克，老南瓜 1 个

配料 白酒汁 15 克，草果 0.5 克，熟猪油 5 克，精盐 15 克，八角粉、茴香籽粉、味精各 3 克，甜酱、酱油、葱白、枸杞各适量

· 操作步骤 ·

① 将老南瓜切下带蒂的一头，去尽内瓤，做成瓜盅。

② 将土鸡宰杀，煺毛，去头爪、内脏，带骨斩成方块，入瓷盆，再下精盐、酱油、白酒汁、甜酱、味精、葱白、草果、八角粉、茴香籽粉，腌 2 ~ 3 小时。

③ 将腌好的鸡块放入蒸肉粉内，裹上一层蒸肉粉，再加熟猪油拌匀，上笼用旺火蒸熟。

④ 取出鸡肉，放入南瓜盅内，上笼蒸 15 分钟，取出放枸杞装饰，趁热上桌。

· 营养贴士 · 老南瓜含胡萝卜素、糖类、钙、铁和淀粉较多，能预防高血压，提高人体免疫力。

双耳蒸花椒鸡

主料 鸡腿肉 500 克，银耳、木耳各 100 克

配料 红尖椒末 50 克，青花椒 20 克，食盐、味精、白糖、胡椒粉各 5 克，料酒、香油、蚝油各 10 克，香葱粒、植物油各适量

·操作步骤·

① 把鸡腿肉切块之后，加入食盐、蚝油、白糖、胡椒粉、香油、料酒腌渍 15 分钟；银耳、木耳撕成小朵。

② 将木耳、银耳铺在盘底，上面放上鸡肉，再摆上青花椒。

③ 锅内热少许油，下红椒末炒出香味后加少许料酒，再加入少量水，把盐、味精、糖调入，煮沸后浇在装盘的鸡块上，大火蒸 10 分钟。

④ 出锅撒上香葱粒即可食用。

·营养贴士· 银耳有强精补肾、滋阴润肺、生津止咳、清润益胃、补气和血的功效。

·操作要领· 加入青花椒一起蒸味道更美。

旱蒸**沙参鸡**

主 料 ▷ 母鸡 1 只

配 料 ▷ 精盐 4 克，沙参 100 克，胡椒 0.5 克，绍酒 10 克，姜、葱各 10 克，鲜汤 1000 克，枸杞少许

·操作步骤·

① 母鸡宰杀，煺毛，从鸡背骨处剖开，去内脏洗净，放入沸水锅内煮约 5 分钟，除去血水，捞出用清水洗净，除去血沫，再用刀将背骨砍去不用，装入搪瓷盆内。

② 用清水洗去沙参上的泥沙，再用小刀轻轻刮去表面粗皮，洗净，切成 10 厘米的长节，放入鸡腔内，加入绍酒、胡椒、姜（拍破）、葱（长节）、枸杞、精盐，加入鲜汤，然后用一张白纸打湿一面，覆盖在盆口上封严，入笼蒸约 2 个小时，至鸡、参蒸透取出，将鸡放入大汤碗内，加入原汤即可。

·营养贴士· 沙参含有丰富的钙、磷、烟酸等，具有调理肠胃、滋阴生津、清肺等功效。

鸡翅**蒸南瓜**

主 料 ▷ 鸡翅 450 克，南瓜 200 克

配 料 ▷ 料酒、葱段、姜片、蚝油、食盐、白糖各适量

·操作步骤·

① 鸡翅清洗，在两侧划几刀，用料酒、食盐、白糖、蚝油、葱段和姜片将鸡翅腌渍 30 分钟入味；南瓜去皮，切块备用。

② 将南瓜和鸡翅装盘码放整齐，放入水开后的蒸锅，大火蒸 20 分钟至鸡翅熟透即可。

·营养贴士· 鸡翅中含有丰富的骨胶原蛋白，具有强化血管、肌肉、肌腱的功效。

豉汁蒸凤爪

主料 鸡爪 8 只，黑豆豉 20 克

配料 食盐 2 克，白糖、干淀粉各 10 克，蒜蓉 25 克，生姜 3 片，香油 5 克，生抽 30 克，料酒 20 克，白胡椒粉少许，红椒段、植物油各适量

·操作步骤·

① 鸡爪洗净，剁去爪尖，与姜片一同放入开水锅中汆煮 3 分钟，取出后充分沥干水分。

② 锅中倒入植物油，中火烧至八成热，放入鸡爪，转小火炸至表皮金黄，捞出沥干油，放入冷水中浸泡 10 分钟。

③ 取一容器，放入食盐、白糖、香油、白胡椒粉、黑豆豉、蒜蓉、红椒段、生抽、干淀粉和料酒混合均匀，放入浸泡过的鸡爪，腌渍 30 分钟。

④ 将腌好的鸡爪放入蒸笼中，大火蒸 30 分钟即可。

·营养贴士· 此菜具有美容养颜的功效。

·操作要领· 在炸制鸡爪前，一定要将鸡爪充分晾干或擦干，否则会有油星外溅的危险。

剁椒蒸鸭血

主料 鸭血 300 克

配料 剁椒、酸辣椒各 50 克,绍酒 20 克,蒜末 10 克,食盐 3 克,植物油适量,胡椒粉、五香粉、香葱花、鸡精各少许

·操作步骤·

① 鸭血切块,加入适量食盐、胡椒粉、五香粉、绍酒腌渍 30 分钟;酸辣椒切成碎末。

② 锅中置油烧热,放入蒜末煸炒出香味,再放入酸辣椒、剁椒炒香,加剩余食盐、鸡精调味。

③ 将煸好的佐料倒在腌好的鸭血上,上蒸锅蒸 10 分钟出锅,撒上香葱花即可。

·营养贴士· 此菜有开胃、清肺的功效。

首乌蒸蛋

主料 鸡蛋 100 克,何首乌 15 克,鸡肉 90 克

配料 料酒 10 克,精盐 2 克,姜 3 克,味精 1 克,葱花少许

·操作步骤·

① 何首乌切丝装入纱布袋封口;鸡肉剁成糜;姜切成细末;鸡蛋放入碗内打匀。

② 何首乌加清水 500 克,文火煮 1 小时,弃药留汁,鸡肉、姜末与何首乌汁一起倒入蛋液中,加精盐、料酒、味精搅匀,上笼蒸熟,撒葱花即可。

·营养贴士· 此羹可作为乌发食谱、补血食谱、益智补脑食谱。

香芋蒸鹅

主 料 鹅肉 300 克，芋头 200 克

配 料 玫瑰露酒 50 克，料酒 30 克，酱油 15 克，鱼露 10 克，食盐 5 克，姜片、植物油各适量，冰糖少许

·操作步骤·

① 芋头去皮，洗净切块，放入油锅煎一下，取出后铺在盘底；鹅肉洗净控干，切小块，用食盐、姜片、料酒腌 1 小时。

② 锅内放植物油烧热，下入鹅肉，两面微煎，然后放酱油、鱼露、玫瑰露酒、冰糖以

及适量水，大火煮 10 分钟。

③ 煮好的鹅肉放在芋头上，入蒸锅蒸 30 分钟。

④ 取适量煮鹅肉的原汤，倒入炒锅中煮开，待汤汁浓稠浇到芋头和鹅肉上即可。

·营养贴士· 鹅肉中不饱和脂肪酸含量高，对人体健康十分有利。

·操作要领· 芋头用油煎一下，口感更鲜美，蒸的时候也不会散开。

泥鳅蒸腊肉

操作步骤

主 料 泥鳅 500 克，腊肉 150 克

配 料 豆豉、干红辣椒段、食用油、食盐各适量

准备好所需主材料。

将腊肉切成薄片。

将泥鳅放入沸水中焯一下，捞出控水。

锅内放入食用油，油热后放入豆豉、干红辣椒段炒香，放入泥鳅、腊肉翻炒片刻，加食盐翻炒均匀，然后盛放在蒸盘中，上蒸锅蒸至全熟即可。

 烹饪心得

营养贴士：此菜每百克可食部分的蛋白质含量非常高，具有暖中益气的功效。

操作要领：泥鳅肉质绵软易熟，不要蒸太久，以 30 分钟为宜。

咸鱼
蒸肉饼

 主 料 咸鱼肉 50 克，猪
上肉 200 克

配 料 精盐、干淀粉各
5 克，植物油 5 克，
胡椒粉少许，葱
花、姜丝各适量

·操作步骤·

① 咸鱼肉去掉鱼骨切成小粒；猪上肉切成
粒拌匀，剁成肉蓉。

② 把肉蓉放在碗内，加入精盐、干淀粉、
胡椒粉一起搅拌至肉蓉产生黏性，放在
碟上摊平成饼状，上面放上咸鱼粒、姜丝，
加入植物油。

③ 旺火烧开蒸锅，放入肉饼，蒸约 7 分钟

端离火口，利用余热焗 3 分钟，打开锅
盖取出肉饼，撒上葱花即可。

·营养贴士· 此菜具有滋阴润燥、改善缺
铁性贫血的功效。

·操作要领· 蒸肉饼时要注意先蒸约 7 分
钟，再用余热焗 3 分钟，蒸
出来的肉饼口感更加嫩滑。

干蒸**黄鱼**

主 料 黄鱼 1 条

配 料 肉丝 100 克，辣椒丝、香菇丝、冬笋丝、榨菜丝各 25 克，料酒、精盐、葱丝、姜丝、酱油、胡椒粉、味精、香油、油各适量

·操作步骤·

① 黄鱼洗净，两侧剞一字花刀，用料酒、精盐、葱丝、姜丝、胡椒粉腌半小时。

② 另起锅下油，煸炒肉丝，下辣椒丝、葱丝、姜丝煸炒，再放入香菇丝、冬笋丝、榨菜丝，加酱油、胡椒粉、料酒、味精炒匀，出锅后浇在鱼上。

③ 上笼蒸熟，取出后在表面撒葱丝，浇些香油即成。

·营养贴士· 黄鱼含有丰富的蛋白质、微量元素和维生素，对人体有很好的补益作用。

腊味**蒸带鱼**

主 料 带鱼 600 克、腊肠 300 克

配 料 红辣椒、青辣椒、蒜、豆瓣酱、蒸鱼豉油、精盐、料酒、白糖各适量

·操作步骤·

① 带鱼刮鳞、洗净，切段后备用；腊肠切丁备用；红辣椒、青辣椒、蒜切碎备用。

② 将腊肠丁、红辣椒碎、青辣椒碎和蒜碎混合，加入豆瓣酱、蒸鱼豉油、料酒、精盐、白糖搅拌均匀做成酱料。

③ 将酱料均匀涂抹到鱼身上。

④ 放入蒸锅中，蒸熟即成。

·营养贴士· 腊肠可开胃助食、增进食欲。

粉蒸**鳜鱼**

主 料 鳜鱼1000克，熟米粉100克

配 料 青皮竹筒1个，酱油、甜面酱各50克，豆瓣酱、料酒、白醋、辣椒油各10克，味精、白糖、姜蓉、花椒粉、葱末、胡椒粉各少许，香菜叶、五香桂皮、香油各适量

·操作步骤·

① 离青皮竹筒一端约4厘米长处横锯开约10厘米长的口作为竹筒盖，洗净备用。

② 将鳜鱼剖好，洗净，滤干水，切块，再入清水洗一次滤干水放入碗内。

③ 加入五香桂皮、熟米粉，下酱油、豆瓣酱、甜面酱、胡椒粉、花椒粉、白糖、白醋、料酒、味精、香油、辣椒油、葱末、姜蓉与鳜鱼拌匀，腌5分钟。

④ 将腌好的鳜鱼放入竹筒，盖上盖，用大火蒸30分钟后，从蒸笼内将竹筒取出，将蒸好的鳜鱼肉倒入碟内，用香菜叶点缀即可。

·营养贴士· 此菜具有补益脾胃的功效。

·操作要领· 鱼蒸好后可以先不出锅，焖5分钟再出锅味道更佳。

豉椒带子蒸豆腐

主料 滑豆腐 4 块，速冻带子 8 粒

配料 蛋清 10 克，蒜蓉 10 克，豆豉 10 克，生抽 15 克，磨豉酱 5 克，白糖 5 克，生粉 3 克，豆瓣酱 3 克，葱粒、植物油各适量，胡椒粉、食盐、麻油各少许

·操作步骤·

① 带子解冻，洗净后切开，加入生粉、蛋清、胡椒粉腌约 5 分钟；豆腐切片，排放在碟内，均匀地撒少许食盐。

② 取空碗，倒入蒜蓉、豆豉、豆瓣酱、磨豉酱拌成调味料；锅置火上，倒植物油烧热，然后浇在调味料碗内。

③ 将带子放豆腐上，再将调味料放带子上，上锅蒸约 4 分钟；将水、生抽、植物油、白糖、生粉、麻油放入锅中煮沸，最后淋在豆腐上，撒上少许葱粒即可。

·营养贴士· 此菜为补益清热养生食品，常食之，可补中益气、清热润燥、生津止渴、清洁肠胃。

红橘粉蒸牛蛙

主料 牛蛙 500 克，红橘 200 克，蒸肉粉 15 克

配料 豆瓣 25 克，精盐 5 克，姜末 10 克，味精、胡椒各 2 克，菜籽油 15 克，菜叶适量

·操作步骤·

① 将牛蛙宰杀后洗净，切块；红橘用刀于 1/3 处雕成齿形后取下成盖，掏出橘瓣。

② 豆瓣剁细，加入姜末、精盐、味精、胡椒、菜籽油、蒸肉粉调匀，再放入牛蛙拌匀，上笼蒸熟。

③ 蒸熟后放入橘子壳内，再上笼蒸 5~6 分钟，取出装盘，点缀菜叶即成。

·营养贴士· 橘皮内含橙皮苷、枸橼酸及柠檬烯等营养素，具有防癌功效，与牛蛙合烹成菜后营养全面合理均衡。

麒麟鳜鱼

主料 鳜鱼1条，胡萝卜、黄瓜各1根

配料 味精、精盐、姜片、葱段、白酱油、水生粉、麻油、胡椒粉、生油各适量

·操作步骤·

① 鳜鱼洗净，斩头，内脑骨略劈，下颌扒开；黄瓜、胡萝卜洗净，切片。

② 在尾鳍部长约6厘米的地方斜角切开，使鱼尾断处有翘势，剔下两侧鱼肉，用斜刀片成约2.5厘米宽的薄块，背鳍骨装在盘子中央。

③ 把薄鱼块排放在鱼背鳍骨的两侧，安上鱼头、鱼尾，将味精、精盐、白酱油搅匀，淋在鱼身上，加入姜片、葱段，上笼蒸10分钟即熟；取出，拣出葱、姜，滗汁，用水生粉勾芡，加生油、麻油、胡椒粉

搅匀；食用时浇在鱼面上，周围用胡萝卜片、黄瓜片装饰即可。

·营养贴士· 鳜鱼含有蛋白质、脂肪、少量维生素、钙、钾、镁、硒等营养元素，肉质细嫩，极易消化，十分适合儿童、老人及体弱、脾胃消化功能不佳的人食用。

·操作要领· 鳜鱼略劈内脑骨可以使下颌松动，方便鱼平衡竖放。

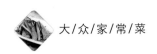

蛤蜊肉蒸水蛋

主料 鸡蛋 3 个，蛤蜊 300 克

配料 生抽 10 克，香油 5 克，食盐 5 克，葱花少许

·操作步骤·

① 蛤蜊用盐水浸泡片刻，冲洗干净，放入清水中煮开，然后将蛤蜊捞出取肉，留下清汤备用。

② 鸡蛋磕入碗中，加食盐打散，再加入适量煮蛤蜊的清汤，调匀后上火蒸 5 分钟。

③ 蒸熟后端起，在蒸好的蛋上排好煮熟的蛤蜊肉，撒上葱花，淋上生抽、香油即可。

·营养贴士· 蛤蜊具有高蛋白、高微量元素、高铁、高钙、少脂肪的特点，营养丰富、全面，能够增强免疫力、抗疲劳。

·操作要领· 汤的分量要比蛋液略多，这样蒸出来的蛋才细嫩。

煎蒸黄花鱼

主 料 黄花鱼1条，青笋50克，香菜梗10克，鸡蛋1个，面粉适量

配 料 猪油、绍酒、香油、醋、精盐、味精、葱末、姜末、淀粉、鲜汤各适量

·操作步骤·

① 黄花鱼刮鳞，去鳃，除内脏，洗净，然后在鱼身两侧剞斜直刀纹，加精盐、味精、绍酒腌渍调味；鸡蛋加淀粉搅成糊；青笋洗净去皮切丝；香菜梗洗净切段。

② 将黄花鱼裹匀面粉，挂鸡蛋糊，下入五成热的油中，煎至两面呈金黄色，取出装盘。

③ 将青笋、香菜梗摆放在鱼身上，然后加入精盐、醋、绍酒、味精、葱末、姜末，再添适量鲜汤，上屉蒸透取出。

④ 将原汤滗入锅内，用淀粉加水勾薄芡，淋香油，浇在盘中鱼身上即可。

·营养贴士· 此菜能够清除人体代谢产生的自由基，延缓衰老。

·操作要领· 黄花鱼入锅油炸后再蒸煮，颜色更好看，口感更筋道。

黑木耳蒸鲫鱼

主 料▶ 鲫鱼 1 条，黑木耳适量

配 料▶ 精盐、植物油、蒸鱼豉油、姜片、葱花、葱段各适量

·操作步骤·

① 将鲫鱼宰杀洗净，抹上少许精盐，将姜片、葱段塞入鱼肚子，放入餐碟，淋上植物油，加入少许温水，合盖放入微波炉，用中高温火加热 3 分钟后取出。

② 黑木耳用温开水泡开后，挤干水分，加入适量的精盐、植物油拌匀。

③ 在鱼身上放入黑木耳、葱花、蒸鱼豉油，再加入少许温水、植物油，放进蒸笼蒸熟即可。

·营养贴士· 此菜含有丰富的蛋白质，且脂肪含量低，很适合肥胖和老年体弱者食用。

·操作要领· 蒸的过程要用大火，这样鱼肉会更嫩。

家常汤煲

Chapter 3

芋头牛肉碎

主 料 芋头 200 克，牛肉 50 克

配 料 鸡精、精盐、葱花各适量

·操作步骤·

① 牛肉洗净，焯水后切成碎末；芋头洗净，去皮切块。

② 炖锅加水，放入芋头和牛肉，炖约 1 小时。

③ 吃前调入精盐，撒上鸡精和葱花即可。

·营养贴士· 此汤具有益胃、宽肠、调中气、通便散结、填精益髓等功效。

牛筋花生汤

主 料 牛蹄筋 150 克，花生仁 120 克，胡萝卜 100 克

配 料 姜片 10 克，赤砂糖 5 克

·操作步骤·

① 牛蹄筋洗净，切段；花生仁洗净；胡萝卜去皮洗净切块备用。

② 将牛蹄筋、花生仁、姜片放砂锅中，加水，文火炖煮 90 分钟后加入胡萝卜。

③ 煮至牛蹄筋与花生熟烂，汤汁浓稠时，加入赤砂糖，搅匀即可。

·营养贴士· 此汤具有益气补虚、预防骨质疏松等功效。

红油香干煲

主料 白豆干 500 克，五花肉 100 克

配料 干红辣椒、水发香菇、葱、姜、蒜、辣椒油、生抽、精盐、鸡粉、料酒、植物油、
高汤各适量

·操作步骤·

① 五花肉切片，放热水中煮熟，捞出待用；
白豆干切成小块；干红辣椒切段；葱切
花；姜、蒜切末；香菇撕朵。

② 锅中倒植物油烧热，放入葱花、姜末、

蒜末、干红辣椒段爆香，放入白豆干煎
成金黄，加入辣椒油、生抽、精盐、鸡粉、
料酒翻炒均匀。

③ 倒入高汤，加入五花肉、香菇，煲至汤
沸腾即可。

·营养贴士· 白豆干含有丰富的蛋白质、维生素、钙、铁、镁、锌等营养元素，营养
价值较高。

·操作要领· 煎白豆干时一面煎炸好了，再翻另一面。

翡翠**肉圆汤**

主料 小肉圆 150 克，嫩蚕豆仁 100 克，
莴笋片 50 克

配料 枸杞、姜片、黄酒、精盐、味精、清汤、
植物油各适量

·操作步骤·

① 将蚕豆仁放入沸水中焯烫片刻，捞出，
立即放入清水中浸凉。

② 锅中热油，放入姜片、蚕豆仁、莴笋片
煸炒片刻，然后加入清汤、小肉圆、枸杞、
黄酒，煮沸后，撇去浮沫，煮 10 分钟，
最后加入精盐、味精调味即可。

·营养贴士· 此汤具有补中益气、健脾益胃、
清热利湿的功效。

韭姜牛乳**补肾汤**

主料 韭菜 200 克，牛奶 300 克

配料 姜 50 克，食盐适量

·操作步骤·

① 嫩韭菜、姜片洗净，用干净纱布包好，
压出汁液，待用。

② 净锅内倒入适量牛奶，将韭菜姜汁倒入
其中，烧开之后用食盐调味，盛入碗中，
用韭菜、姜片点缀即可。

·营养贴士· 韭菜具有补肾、健胃、提神、
止汗固涩等功效。

西施排骨汤

主料 猪排骨 400 克

配料 乌枣 20 克，山药 50 克，油菜 30 克，盐 3 克

·操作步骤·

① 猪排骨处理干净，剁块；山药去皮，洗净切块；乌枣洗净；油菜洗净撕开。

② 锅中添水，煮沸后倒入猪排骨，高火煮 3 分钟，然后捞出备用。

③ 净锅添水，以高火煮沸，倒入猪排骨、乌枣、山药、油菜，以中火煮 40 分钟，加盐调味即成。

·营养贴士· 猪排骨除含蛋白质、脂肪、维生素外，还含有大量磷酸钙、骨胶原、骨黏蛋白等，可为幼儿和老人提供钙质。

·操作要领· 油菜在排骨快熟时加入。

茶树菇**排骨汤**

主 料 猪排骨 500 克，茶树菇 300 克，山
药 100 克

配 料 枸杞 5 粒，味精、盐、香油各适量

·操作步骤·

① 茶树菇洗净；猪排骨洗净切块；山药去
皮切块。

② 将猪排骨放入锅中，加适量清水煮沸，
去浮沫，下茶树菇、山药、枸杞，煮至
猪排骨、茶树菇、山药熟后，下盐、味精，
再煮至微沸，最后淋上香油即成。

·营养贴士· 此汤具有补充钙质、补肾滋阴、
健脾胃、提高人体免疫力、抗
衰老、补虚乏、益气力等功效。

山药玉米**排骨汤**

主 料 排骨 500 克，甜玉米、山药各 300
克

配 料 盐、姜各适量

·操作步骤·

① 将排骨斩段，放水里煮开，去掉浮沫及
血水后用清水冲洗备用；山药去皮后切
段（也可切滚刀块）；甜玉米切段；姜
切片。

② 在锅中注入清水，放入姜片，烧开后放
入排骨，大火烧几分钟，然后转小火煲
至肉烂。

③ 将切好的山药和甜玉米加入汤里，大火
烧开后转小火，煲至甜玉米、山药熟透
时加入适量盐调味，再开大火烧一会儿
即可关火。

·营养贴士· 此汤不仅可开胃，也能补充体
力，增强身体的抵抗力，有降
糖、润肺、养肾、助消化、延
年益寿的功效。

鱼香**茄子煲**

主料 ▶ 茄子 300 克，肉馅 150 克

配料 ▶ 鱼香调料 1 袋，青辣椒、红辣椒、食用油各适量

操作
步骤

准备好所需主材料。

将茄子、青辣椒、红辣椒全部切成条状。

锅内放入食用油，油热后将茄子放入油锅内炸熟，捞出控油备用。

锅内留底油，放入肉馅炒散变白，放入鱼香调料，再将茄子、青辣椒、红辣椒全部放入鱼香汤汁内炖煮至熟。

烹饪心得

营养贴士：茄子含有蛋白质、脂肪、糖类、维生素以及钙、磷、铁等多种营养成分。

操作要领：炖煮时要用小火让水渗入到茄肉中，再把水煮干收汁。

胡椒猪肚汤

主 料 猪肚 1 个

配 料 白胡椒粒 15 克，蜜枣、盐各适量

·**操作步骤**·

① 将猪肚切去肥油，用适量盐擦洗一遍，并腌片刻，再用清水冲洗干净，放入热水锅内焯一下。

② 将白胡椒粒放入猪肚内，用线缝合，与蜜枣一起放入砂煲内，加适量清水，武火煮沸后，改用文火煲 2 小时，放入少许盐调味即可。

·**营养贴士**· 猪肚中含有大量的钙、钾、钠、铁等元素，具有补虚损、健脾胃的功效。

豌豆肥肠汤

主 料 熟猪肥肠、豌豆各 250 克

配 料 猪油 75 克，鲜汤 750 克，胡椒粉、味精各 2 克，盐适量

·**操作步骤**·

① 熟肥肠切成段。

② 炒锅置旺火上，放猪油烧至七成热时，将豌豆放入炒香，加盐、鲜汤、味精、胡椒粉、肥肠段，同豌豆一起煮出香味即可。

·**营养贴士**· 豌豆有利小便、生津液、解疮毒、止泻痢、通乳的功效。

党琥猪心煲

主 料 猪心 300 克

配 料 党参、黑木耳各 20 克，清汤 500 克，黄酒 25 克，枸杞 8 克，琥珀粉 5 克，食盐 3 克

·操作步骤·

① 猪心洗净，切成两半，入沸水烫透，切成小块；黑木耳泡发，撕成小朵；枸杞洗净。

② 砂锅内放清汤、黄酒、猪心，烧开后撇去浮沫，加入黑木耳、枸杞、党参、琥珀粉，小火炖约 2 小时，用食盐调味即成。

·营养贴士· 党琥猪心煲是一道补脾益气、凝心安神的汤品，具有一定药用价值。

·操作要领· 将猪心在少量面粉中"滚"一下，放置 1 小时左右，然后再用清水洗净可去除异味。

猪腰菜花汤

主料 猪腰300克，菜花、西蓝花各150克

配料 胡萝卜、洋葱、芥末油、精盐各适量

·操作步骤·

① 猪腰切花，用精盐浸泡一会儿；西蓝花、菜花择洗干净；胡萝卜切块；洋葱切块。

② 锅中烧开水，把猪腰先放进去，煮开后撇去浮沫，加入西蓝花、菜花、胡萝卜块和洋葱块稍煮，加精盐、适量芥末油调味即可。

·营养贴士· 猪腰具有补肾气、通膀胱、消积滞、止消渴的功效。

猪蹄山药汤

主料 猪蹄1个，山药适量

配料 红枣、枸杞各少许，色拉油、葱、姜、盐、味精、鸡汁、高汤、四特酒各适量

·操作步骤·

① 猪蹄除净毛，剁成两半，改刀成小块；山药去皮，切成滚刀块；红枣洗净；葱切段；姜切块。

② 锅中添水，煮沸后下猪蹄焯水1分钟。净锅置火上，倒色拉油烧热，五成热时下入葱、姜爆香，放入猪蹄、高汤、四特酒，以大火烧沸，然后移至砂锅，以小火煲至七成熟时，加入山药。

③ 猪蹄煲至九成熟时，加枸杞、红枣、盐、味精、鸡汁，猪蹄软烂后，出锅拣去葱段、姜块即可。

·营养贴士· 猪蹄具有美容、抗衰老、改善冠心病、补血、通乳等功效。

口蘑猪心煲

主 料 猪心 300 克，口蘑 80 克

配 料 干木耳 30 克，清汤 700 克，姜汁、料酒各 30 克，酱油 15 克，食盐 5 克，香芹、鸡精各适量，水淀粉少许

·操作步骤·

① 口蘑清洗干净，切成块；木耳泡发，洗净后撕成小朵；香芹去叶，洗净后切成丁。

② 猪心清洗干净，切成小块，用料酒、姜汁腌渍片刻。

③ 砂锅中加入清汤，放入猪心煮开，撇去浮沫，放入口蘑、木耳，调入食盐、酱油，煮开后继续以中小火煮 5 分钟。

④ 待汤汁浓稠，调入鸡精，以水淀粉勾薄芡，撒入香芹丁即可。

·营养贴士· 猪心含有蛋白质、脂肪、钙、磷、铁、维生素 B_1、维生素 B_2、维生素 C 以及烟酸等，这对加强心肌营养、增强心肌收缩力有很大的作用。

·操作要领· 肉类在煮的过程中会漂浮有很多泡沫和悬浮物，应将其撇除，以保证汤的鲜美。

川百合鸽蛋汤

主料 鸽蛋适量，川百合30克，莲子肉100克

配料 白糖适量

· 操作步骤 ·

① 川百合洗净；莲子肉洗净；鸽蛋煮熟去壳备用。

② 锅置火上，倒入适量清水，加入川百合和莲子肉同煮，煮至莲子酥烂时，倒入鸽蛋。

③ 加糖调味，待糖溶化即成。

· 营养贴士 · 贫血、月经不调、气血不足的女性常吃鸽蛋，不但能美颜滑肤，还可能治愈疾病，使人精力旺盛、容光焕发、皮肤艳丽。

紫菜鲜虾蛋花汤

主料 鲜虾50克，鸡蛋20克，紫菜10克

配料 盐、香油、胡椒粉各适量

· 操作步骤 ·

① 鲜虾去皮抽肠、洗干净；鸡蛋打成蛋液，搅匀；紫菜冲洗干净。

② 锅中烧开水，放入洗好的虾，煮1分钟后放入紫菜，将搅匀的蛋液倒入，关火，加适量盐、香油和胡椒粉即可。

· 营养贴士 · 虾味甘、咸，性温，有壮阳益肾、补精、通乳等功效。

淮山羊肉
海参汤

主料 羊肉 300 克,海参 100 克,
淮山 200 克

配料 葱白 30 克, 姜 15 克,
胡椒粉 6 克,黄酒 20 克,
精盐 10 克

·操作步骤·

① 将羊肉剔去筋膜, 洗净, 略划几刀, 入
沸水焯去血水;海参洗净泡发;淮山用
清水浸透后,切成 2 厘米厚的片;葱白
切段;姜拍破。

② 将羊肉、淮山、海参放入砂锅内,加适
量清水,大火烧沸后,撇去浮沫,放入
葱白、姜、胡椒粉、黄酒,转小火炖至
羊肉酥烂,捞出羊肉晾凉。

③ 将羊肉切成片,装入碗内,再将原汤除

去葱白、姜, 加精盐搅匀, 连淮山、海
参一起倒入羊肉碗内即可。

·营养贴士· 此汤有补脾益肾、温中暖下、
补血温经、美容养颜等功
效。

·操作要领· 新鲜山药切开时会有黏液,
极易滑刀伤手,可以先用
清水加少许醋洗,这样可
减少黏液。

桂圆蛋花汤

主料 桂圆肉 20 克，鸡蛋 1 个，鲜杨梅 1 颗

配料 精盐适量

·操作步骤·

① 将桂圆肉、杨梅分别洗净。

② 砂锅中加水，放入桂圆肉用小火煨煮至黏稠熟烂，加入杨梅。

③ 转中火，加入搅打均匀的鸡蛋糊，边煮沸边搅拌成蛋花汤，加精盐即成。

·营养贴士· 此汤可补心益脾、滋阴养血，适用于女性月经不调及产后修复。

银耳鸽子汤

主料 鸽子 1 只，干银耳 15 克

配料 姜片、精盐、醋各适量

·操作步骤·

① 干银耳泡发；鸽子处理干净，切成小块。

② 汤锅中添入清水，放入鸽肉、姜片，以中火焖煮约 40 分钟，然后加入银耳，再焖煮约 30 分钟，加精盐、醋即成。

·营养贴士· 此汤有健脾开胃、滋润养颜、补益身体的功效。

虾尾**鱼汤**

主料 ➡ 虾尾肉 6 只，胖头鱼肉 300 克

配料 ➡ 梅干菜 80 克，葱花、姜末各少许、盐、鸡精、料酒、芝麻油、色拉油、高汤各适量

·操作步骤·

① 胖头鱼肉洗净切段，在鱼块两侧划斜刀口，抹上盐、料酒腌渍约 10 分钟，放入热色拉油中炸至黄褐色。

② 虾尾肉剔除虾线；梅干菜洗净，烫一下去盐分，捞出，控干水分，切碎。

③ 锅中加少许色拉油，烧热后下入葱花（部分）、姜末，炒香后下入梅干菜拌炒，烹入料酒，倒入适量高汤，放入胖头鱼肉、虾尾。

④ 汤汁滚沸后，加盐、鸡精，小火煮 20 分钟，淋芝麻油，撒上剩余葱花即可。

·营养贴士· 胖头鱼具有保护心血管、暖胃、美容、益智、抗衰老、润泽皮肤等功效。

·操作要领· 可用四川酸菜替换梅干菜，做成虾尾酸菜鱼汤。

砂锅咸双鲜

主料 咸肉 500 克，草鱼块适量

配料 熟猪油、生姜末、葱叶、绍酒、精盐、味精、清鸡汤各适量，小白菜少许

·操作步骤·

① 咸肉洗净切片；小白菜洗净切段；葱叶洗净切花。

② 锅置火上，下熟猪油，油热后放入生姜末略煸，再倒入咸肉、草鱼块、绍酒略炒。

③ 倒入清鸡汤煲 20 分钟，然后倒入小白菜略煮，加精盐、味精调味，最后撒上葱花即可。

·营养贴士· 草鱼含有丰富的不饱和脂肪酸，对血液循环有利，是心血管病患者的良好食物。

口蘑灵芝鸭子煲

主料 鸭子 1 只，口蘑、灵芝各少许

配料 生姜 1 块，葱 1 棵，食盐适量

·操作步骤·

① 鸭处理干净，洗净切块；口蘑洗净切片；生姜去皮洗净；葱洗净切段；灵芝洗净切条。

② 锅中倒水，加生姜、葱段、食盐、鸭子、口蘑、灵芝，以文火烧煮，直至煮熟。

③ 最后拣去生姜、葱段即成。

·营养贴士· 此汤可增强免疫力、安神助眠、调节内分泌、防止衰老。

明太鱼**豆腐煲**

主料 明太鱼、豆腐各适量

配料 姜片、红辣椒段、料酒、酱油、蚝油、盐、植物油各适量

·操作步骤·

① 明太鱼洗净切块，倒入有植物油的煎锅煎到略微变黄。

② 把鱼入放石锅，加料酒、酱油、蚝油，加入红辣椒段、姜片、豆腐，再添满水盖上盖，大火炖开锅后，加盐转小火煮10分钟即可。

·营养贴士· 明太鱼高蛋白、低脂肪，味道清爽，具有健脾胃、益阴血的功效。

·操作要领· 烧制明太鱼时可先放一只红辣椒，再放其他调味品，可使鱼肉鲜香味美。

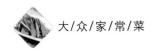

龟羊**汤**

主料 羊肉、龟肉各 100 克

配料 党参、枸杞子、附片
各 10 克，当归 6 克，
姜片 6 克，冰糖、葱
结、料酒、精盐、味精、
熟猪油各适量

·操作步骤·

① 将龟肉用沸水烫一下，刮去表面黑膜，
剔去脚爪，洗净；羊肉刮洗干净；党参、
枸杞、附片、当归用水洗净。

② 将龟肉、羊肉随冷水下锅，煮开 2 分钟，
去掉腥味捞出，再用清水洗净，然后均
匀切成方块。

③ 锅置旺火上，放入熟猪油，烧至六成热时，
下龟肉、羊肉煸炒，烹入料酒，继续煸
炒干水分，然后放入砂锅，再放入冰糖、
党参、附片、当归、葱结、姜片，加清

水先用旺火烧开，再移至小火炖到九成
烂时，放入枸杞子，继续炖 10 分钟左右
离火，去掉姜片、葱结、当归，放入味精、
精盐调味即成。

·营养贴士· 龟、羊肉，加当归、党参、
附片、枸杞，脾肾双补，
增强食疗作用。

·操作要领· 清水一次加足，大火烧开，
小火慢炖，不可中途续水。

家常粥羹

Chapter

红薯糯米粥

主料 糯米50克，红薯200克

配料 豌豆、荸荠、碱面各适量

·操作步骤·

① 糯米洗净，放在水中浸泡一段时间；红薯、荸荠洗净去皮，切成小块；豌豆洗净备用。

② 锅中加水，将糯米和豌豆放进锅中烧煮；开锅后转小火，加入碱面。

③ 豌豆煮至六成熟时，放入红薯和荸荠，继续熬煮至米粥黏稠即可。

·营养贴士· 荸荠富含多种营养元素，而且磷的含量较高，有助于牙齿和骨骼的发育。

南瓜菠菜粥

主料 大米50克，南瓜150克，菠菜适量

配料 豌豆适量

·操作步骤·

① 大米淘洗干净；南瓜去皮去瓤，洗净切成小块；菠菜洗净切段，用水焯一下；豌豆洗净。

② 锅中加水，放入大米，大火烧开后转为小火。

③ 下入南瓜块和豌豆，继续熬煮至南瓜将熟。

④ 下入菠菜段，熬煮至米粥变得黏稠即可。

·营养贴士· 菠菜富含胡萝卜素、维生素C、钙、磷及一定量的铁、维生素E等，能供给人体多种营养物质，其所含铁质，对缺铁性贫血有较好的辅助治疗作用。

南瓜百合粥

主料 大米 50 克，南瓜 100 克，百合适量

·操作步骤·

① 大米淘洗干净；南瓜去皮去瓤，洗净切成小块；百合剥开成瓣。

② 锅中加水，放入大米，大火烧开后转为小火。

③ 下入南瓜块，继续熬煮至南瓜将熟。

④ 下入百合瓣，熬煮至米粥变得黏稠即可。

·营养贴士· 百合含有淀粉、蛋白质、钙、磷等营养成分，具有润肺止咳、清脾除湿、补中益气、清心安神的功效。

·操作要领· 百合很容易软烂，过早放入容易煳锅。

山药**小米粥**

主料 小米 100 克，山药 100 克

·操作步骤·

① 小米淘洗干净；山药洗净去皮，切成小块。

② 锅中加水，将小米放入锅中烧煮，锅开后转小火继续熬煮。

③ 加入山药块，煮至粥变得黏稠即可。

·营养贴士· 山药有滋养强壮、助消化、敛虚汗、止泻的功效。

胡萝卜**玉米粥**

主料 粳米 100 克，胡萝卜 80 克，玉米粒适量

配料 葱花适量

·操作步骤·

① 粳米和玉米粒淘洗干净；胡萝卜洗净去皮，切成小块。

② 将粳米、胡萝卜、玉米粒一起放入锅中，加适量水烧煮。

③ 煮至粥熟，撒上葱花即可。

·营养贴士· 胡萝卜内含丰富的维生素 A，对于眼部滋养有很大的帮助，能有效地减少黑眼圈的形成。

毛豆粥

主 料 ▷ 毛豆 30 克，大米适量

配 料 ▷ 高汤、精盐各适量

· 操作步骤 ·

① 将大米淘洗干净，用冷水浸泡 2~3 小时，捞出沥干。

② 将大米放入锅中，加入高汤和适量冷水，先用旺火烧沸，然后转小火煮至烂。

③ 煮粥的同时将毛豆仁取出洗净，放入另一锅内，加入适量冷水，煮熟备用。

④ 粥熬好时放入熟毛豆仁，加精盐调好味即可。

· 营养贴士 · 毛豆味甘、性平，具有健脾宽中、润燥消水、清热解毒、益气的功效。

· 操作要领 · 大米浸泡时，可放少许香油，这样可使煮出来的大米绵烂。

银耳山楂粥

主料 ➡ 糯米 100 克，银耳 30 克，山楂适量

配料 ➡ 冰糖适量

·操作步骤·

① 糯米淘洗干净，在清水中浸泡一段时间；银耳用清水泡发，择成小朵；山楂洗净去籽，切成薄片。

② 锅中加水，放入糯米和银耳，大火烧开后转小火熬煮。

③ 煮至八成熟，放入山楂片和冰糖，煮至粥黏稠即可。

·营养贴士· 山楂具有降血脂、降血压、强心、抗心律不齐、健脾开胃、消食化滞、活血化瘀等功效。

杏仁红枣粥

主料 ➡ 大米、杏仁、红枣各适量

配料 ➡ 红糖适量

·操作步骤·

① 大米淘洗干净，在清水中浸泡 1 个小时；杏仁、红枣洗净。

② 锅中加水，大米和杏仁一起放进锅中烧煮，烧至水开时，将大火转为小火。

③ 将红枣放进锅中，继续熬煮至粥成，加入适量红糖即可。

·营养贴士· 杏仁有润肺止咳、美容养颜、降血糖、降血脂的功效。

松仁核桃粥

主料▶ 松仁 10 克，去衣
核桃 30 克，泰国
香米 25 克

配料▶ 味椒盐、鸡粉各
适量

·操作步骤·

① 将泰国香米洗净，用清水浸泡 60 分钟，
放入砂锅中，倒入适量的清水，盖上锅盖，
大火煮滚，揭盖，将泡沫捞起倒掉。

② 放入洗净的松仁和核桃，盖上锅盖，大
火煮滚，揭盖，煮至米黏稠。

③ 放入适量的味椒盐、鸡粉拌匀，煮滚，
盖上锅盖，关火，利用砂锅余温继续焖
煮 5 分钟即可。

·营养贴士· 核桃和松仁均富含维生素 E
和锌，有利于滋润皮肤、
延缓皮肤衰老，是美容、
美发的佳品。

·操作要领· 松仁和核桃仁要仔细挑选，
太黑的或有褶皱的都不要
选。

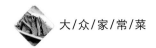

西米甜瓜粥

主料 西米适量，甜瓜 250 克，南瓜 50 克

配料 青豌豆、白砂糖各 15 克

·操作步骤·

① 甜瓜、南瓜洗净，去皮、去瓤，切成块；西米放入沸水锅内，稍滚后捞出，再用冷水浸泡片刻，沥干水分。

② 取锅加入约 1000 克冷水，烧沸后加入西米、甜瓜块、南瓜块、青豌豆，用旺火烧沸，改小火熬煮成粥，再加入白砂糖调味即可。

·营养贴士· 此粥具有失眠调理、防暑调理、夏季养生调理等功效。

桂圆糯米粥

主料 糯米 100 克，桂圆肉 15 克

配料 红糖适量

·操作步骤·

① 将糯米淘洗干净。

② 糯米入锅，加足量水，先用旺火烧开，再转用文火熬煮。

③ 待米粒略呈花糜状，将桂圆肉加入，搅匀，继续煮至粥成。

④ 出锅前加入适量红糖，煮匀即成。

·营养贴士· 此粥可补心益脾、养血安神，适于治疗神经衰弱、调理贫血等。

蜂蜜小米粥

主 料▶ 小米 100 克
配 料▶ 蜂蜜 30 克

操作步骤

准备好所需主材料。

将小米洗净。

锅内放入适量的水，放入小米进行熬煮。

待粥煮熟后，倒入碗内，然后放入蜂蜜即可。

烹饪心得

营养贴士：小米中蛋白质、脂肪、糖类的含量很高，而且由于小米通常无须精制，因此保存了较多的营养素和矿物质，其中维生素 B_1 含量是大米的几倍，矿物质的含量也高于大米，小米还含有一般粮食中没有的胡萝卜素。

操作要领：小米粥要小火慢熬。

萝卜**瘦肉粥**

主　料▶ 大米适量，白萝卜 100 克，胡萝卜
　　　 70 克，瘦肉 30 克

配　料▶ 精盐 6 克，料酒 5 克，植物油、白醋、
　　　 姜丝、葱花各适量

·操作步骤·

① 米淘洗干净，浸泡 30 分钟；白萝卜、胡
　 萝卜洗净切块；瘦肉洗净切丝。

② 锅中加水，烧至将开时放入洗净的米，
　 瘦肉丝加入姜丝、料酒、精盐，再滴几
　 滴白醋，腌制 15 分钟以上。

③ 粥煮至黏稠时，倒入腌好的瘦肉丝，放
　 入白萝卜块、胡萝卜块和姜丝，加一滴植
　 物油，再煮约 20 分钟。加入精盐调味，
　 撒上葱花即可。

·营养贴士· 此粥营养丰富，可以促进生长
　　　　　 发育，强身健体。

肉丸**粥**

主　料▶ 熟猪肉丸 50 克，大米适量

配　料▶ 姜末、葱花、盐、鸡精各适量

·操作步骤·

① 选用稍大型的瓦煲，放入淘洗干净的大
　 米，加水煲滚，一边搅拌一边煲，直到
　 大米在水中自动翻滚为止。

② 放入熟猪肉丸、姜末，煮 10 分钟，加入
　 盐和鸡精调味，撒上葱花即可。

·营养贴士· 此粥有补血、通乳、托疮的作
　　　　　 用，可用于产后乳少、痈疽、
　　　　　 疮毒等症。

莲藕排骨粥

主料 大米100克，藕、猪小排各适量

配料 葱花、姜片各适量，枸杞、盐、料酒各少许

·操作步骤·

① 猪小排洗净、斩块、放入锅中，加入清水，放料酒、姜片，大火烧开，捞出；藕刨去外皮，切厚片；大米淘净。

② 将排骨、藕片、大米一同放入锅中，加入足量清水，炖至排骨酥烂、米汤黏稠

时加盐调味，最后撒上葱花和枸杞即可。

·营养贴士· 此粥有美容、润肺、养胃、消食、安胎、消炎、养肾、防治贫血和养血的功效。

·操作要领· 排骨捞出后，其表面会附有浮沫，是猪肉及猪骨组织中残留的血液、油脂及杂质，应用水冲去。

家常鸡腿粥

主料▶ 大米 80 克，鸡腿肉 200 克

配料▶ 料酒 5 克，精盐 3 克，胡椒粉 2 克，葱花 3 克

·操作步骤·

① 大米淘净，浸泡 30 分钟；鸡腿肉洗干净，切成小块，用料酒腌渍片刻。

② 锅中加入适量清水，放入大米，用旺火煮沸，放入腌好的鸡腿肉，中火熬煮至米粒软散。

③ 改小火，待粥熬出香味时，加精盐、胡椒粉调味，放入葱花即可。

·营养贴士· 此粥具有解毒强体、帮助生长发育等功效。

香菇鸡粥

主料▶ 鸡腿肉 100 克，鲜香菇 3 个，大米 100 克

配料▶ 胡椒粉 3 克，植物油 10 克，葱花、姜末各少许，鸡精、食盐、淀粉各适量

·操作步骤·

① 大米淘干净后浸泡一个小时；鸡腿肉切块，用少许食盐、淀粉、植物油、姜末拌匀；鲜香菇洗净切块。

② 锅中加水，倒入大米，大火煮开后，下入鸡腿肉、香菇块，滴一滴植物油，转小火熬煮。

③ 粥煮至黏稠后，加入食盐、鸡精、胡椒粉调味，撒上葱花，即可出锅。

·营养贴士· 此粥营养十分丰富，可以增强人体免疫力、促进吸收、强身健体。

鸡肉红枣粥

主 料 鸡腿 100 克，大米、
红枣各适量

配 料 精盐、料酒、胡椒粉、
熟油、葱花各适量

·操作步骤·

① 鸡腿洗净，去骨，切成小丁。锅中烧开水，
下鸡腿肉丁焯出血沫，倒掉脏水，将鸡
腿肉丁清洗干净。

② 红枣洗净；大米淘洗干净。

③ 将鸡腿肉丁、红枣和大米一起放入锅中，
倒入适量水，加入两滴熟油，调入精盐，
少许料酒，盖上锅盖，大火烧沸后转小火。

④ 待粥煮至黏稠时，放入胡椒粉，搅拌均匀，
加热 30 秒钟，撒上葱花即可出锅。

·营养贴士· 此粥具有提高人体免疫力、
抑制癌细胞、促进白细胞
生成、降低胆固醇、保护
肝脏的作用。

·操作要领· 鸡腿肉可以先用料酒腌渍一
会儿，大米可以提前先浸
泡 30 分钟。

羊肉生姜粥

主料 羊肉 100 克，大米适量

配料 生姜 10 克，盐 3 克，鸡粉、胡椒粉各少许，葱花适量

·操作步骤·

① 将生姜去皮切成丝；羊肉切成小片；大米用清水洗净。

② 取瓦煲一个，注入适量清水，待水开后，下入大米，用小火煲约 20 分钟。

③ 加入羊肉片、姜丝，调入盐、鸡粉、胡椒粉，继续用小火煲 30 分钟，撒上葱花，即可食用。

·营养贴士· 羊肉可以增加消化酶，保护胃壁，修复胃黏膜，帮助消化。

枸杞牛肉莲子粥

主料 大米 60 克，牛肉 100 克，莲子（去心）20 克，鲜枸杞适量

配料 姜丝、黄酒、胡椒粉、葱花、盐各适量

·操作步骤·

① 将莲子、枸杞洗净；大米洗净，在水中泡一会儿；牛肉切块，拌入姜丝、黄酒、胡椒粉腌 30 分钟。

② 莲子与大米加 600 克的水，小火煮 40 分钟，加入牛肉、枸杞熬至黏稠，调入盐，撒上葱花即可。

·营养贴士· 此粥适用于脾虚食少、便溏、乏力、肾虚、尿频、遗精、心虚失眠、健忘、心悸等症，对病后体弱者有良好的作用。

鲫鱼百合**糯米粥**

主 料 糯米 100 克，鲫鱼 60 克，百合 30 克

配 料 盐 4 克，味精 3 克，料酒、姜丝、芝麻油、葱花各适量

·**操作步骤**·

① 糯米洗净，用清水浸泡；鲫鱼洗净后切片，用料酒腌渍去腥；百合洗去杂质，削去黑色边缘。

② 锅置火上，放入糯米，加适量清水煮至五成熟。

③ 放入鱼肉片、姜丝、百合煮至粥将成，加盐、味精、芝麻油调匀，撒上葱花即可。

·**营养贴士**· 此粥具有润肺止咳、清心安神、补中益气、健胃养脾等功效。

·**操作要领**· 若喜欢软绵口感的百合，可以煮得时间长些。

鲤鱼薏米粥

主 料▷ 大米 80 克，薏米 50 克，鲤鱼 100
克

配 料▷ 红芸豆、黑豆各 20 克，精盐、葱花
各适量

·操作步骤·

① 大米、薏米、红芸豆和黑豆洗净，浸泡 1
小时；鲤鱼洗净，切块。

② 锅内烧水，放入鲤鱼块，煮汤；待鲤鱼
熟后，捞出鲤鱼，下入大米、薏米、红
芸豆和黑豆，小火煮至粥黏稠。

③ 将煮好的鲤鱼放入粥中，加入精盐调味，
盖上锅盖再煮 2 分钟，撒上葱花即可。

·营养贴士· 此粥具有温中健脾、行气利水
的功效。

虾仁干贝粥

主 料▷ 大米、鲜虾各 100 克，干贝 50 克

配 料▷ 精盐 1 克，姜片 5 克，香菜段 5 克，
姜丝、葱花各 3 克，胡椒粉 2 克，
香油 2 克

·操作步骤·

① 将鲜虾剥皮，清理干净，放适量精盐和
姜片腌渍片刻。

② 干贝洗净，用清水煮约 10 分钟，放米进去。

③ 等到粥黏稠的时候，把虾放进去煮几分
钟，再放点姜丝、葱花、香菜段和胡椒粉，
滴几滴香油即可。

·营养贴士· 此菜具有降压、降胆固醇、软
化血管的功效。

靓蟹腊八粥

主料 大米50克，黑糯米、白糯米各适量，红豆10克，花生米5克，熟蟹60克

配料 生菜少许，盐6克，胡椒粉、鸡粉各3克

·操作步骤·

① 大米、糯米、红豆和花生米都淘洗干净，水中浸泡半小时；熟蟹掰成块备用；生菜洗净，菜叶切丝。

② 将大米、糯米、红豆和花生米一起放入锅内，加适量水，烧开后转小火煮30分钟。

③ 放入熟蟹块，大火煮2分钟后，加入盐、胡椒粉、鸡粉调味，最后撒上生菜丝即可。

·营养贴士· 此粥容易消化，可以改善虚弱体质，补心血，还可止咳润肺、防止便秘、养颜美容。

·操作要领· 蟹一定要最后加入，才能保持鲜美的味道。

桂花**莲子羹**

主 料 莲子 60 克，糖桂花 2 克

配 料 樱桃丁、白糖各适量

· 操作步骤 ·

① 莲子用开水泡胀，浸 60 分钟后，剥衣去心。

② 将莲肉倒入锅内，加清水适量，小火慢炖约 2 小时，至莲子酥烂、汤糊成羹，加白糖、糖桂花、樱桃丁，再炖 5 分钟即可。

· 营养贴士 · 莲子中所含的棉子糖，是老少皆宜的滋补品，对于久病、产后或老年体虚者，更是常用营养佳品。

银耳**羹**

主 料 银耳 10 克，莲子 6 克，红枣 10 个

配 料 枸杞、冰糖各适量

· 操作步骤 ·

① 银耳用水泡发后，除去根部泥沙及杂质；莲子去心；红枣洗净去核。

② 锅上火，加入适量清水，放入银耳、莲子、红枣、枸杞一同煮。

③ 待银耳、莲子、红枣、枸杞熟后，加入冰糖调味，盛入碗中即可食用。

· 营养贴士 · 本羹不仅适用于智力、记忆力不佳的人食用，而且还是一道可以美容的食品，深受女士欢迎。

冰糖红枣

湘莲羹

主 料 水发莲子适量，红枣、桂圆、枸杞各适量，菠萝罐头1瓶

配 料 冰糖适量

·操作步骤·

① 水发莲子洗净去心，用蒸锅蒸熟；桂圆剥壳；红枣洗净切成两半；菠萝罐头里的菠萝肉用筷子夹出来，和水发莲子、桂圆、红枣、枸杞放在一个碗里。

② 锅里放水，熬化冰糖，到汤汁浓郁，有黏稠的感觉时，冲进步骤①的碗里即可。

·营养贴士· 莲子具有补脾、益肺、养心、益肾和固肠的功效。

·操作要领· 做好后放在冰箱里冰镇后再吃，味道更鲜美。

滋颜祛斑羹

主 料 绿豆、红豆、百合各 30 克

配 料 糖适量

·操作步骤·

① 将绿豆、红豆、百合洗净，用清水浸泡 30 分钟。

② 锅中加适量清水，放入泡好的材料，大火煮滚后，改以小火煮到豆烂。

③ 依个人喜好，加糖调味即可。

·营养贴士· 此羹有润肤祛斑、美容养颜、消暑解渴、清热解毒的功效。

酸枣开胃羹

主 料 酸枣 100 克

配 料 白糖适量

·操作步骤·

① 酸枣放入锅内，加适量水。

② 文火煮 60 分钟，加入白糖即可。

·营养贴士· 酸枣具有很好的开胃健脾、生津止渴、消食止滞的疗效。

椰汁南瓜香芋羹

主 料 小南瓜、香芋各适量，椰奶600克
配 料 蒜末30克，盐、油各适量

·操作步骤·

① 南瓜洗干净，不用削皮，切小块；香芋也切小块。

② 炒锅上火，倒油，油热后加入蒜末爆香，然后把南瓜和香芋倒入爆炒一下，再放进大砂锅里。

③ 倒入椰奶，调入盐，搅拌一下，盖上盖子，

用中小火将南瓜和香芋煮熟，汁收干一点即可。

·营养贴士· 香芋含有较多的粗蛋白、淀粉、聚糖（黏液质）、粗纤维和糖，有散积理气、解毒补脾、清热镇咳的功效。

·操作要领· 如果喜欢汁多一点的，可以加一点水。煮期间要翻拌一下，以防粘锅。

西湖鱼肚羹

主料 水发鱼肚 400 克，洋葱、香菇、虾仁各适量

配料 生抽、黄酒、精盐、味精、鸡精、香油、高汤、水淀粉、蛋清、色拉油各适量

· 操作步骤 ·

① 水发鱼肚洗净，切粒，焯水；香菇泡发洗净，切粒；虾仁、洋葱切粒。

② 香菇、洋葱一起放入色拉油锅中煸炒起香，加高汤烧开，加生抽、黄酒、精盐、味精、鸡精、香油调味，放入鱼肚、虾仁，用水淀粉勾芡，打入蛋清即可。

· 营养贴士 · 此羹含有丰富的胶原蛋白、多种维生素及钙、铁、锌等元素。能促进生长发育，增强抗病能力。

红薯米糊羹

主料 红薯 200 克，麦仁、糙米、玉米粒各 30 克

配料 咸菜丝若干

· 操作步骤 ·

① 把麦仁和糙米用清水浸泡 15 分钟洗净；红薯去皮切小块，倒入豆浆机中。

② 加入玉米粒和泡好的麦仁、糙米，倒入适量的清水，加盖按下"米香豆浆"键。

③ 完成后盛出放入碗中，撒上咸菜丝即可。

· 营养贴士 · 红薯含有蛋白质、磷、钙、铁、胡萝卜素、维生素等多种人体必需的物质。

酸辣鱼羹

主料 鲈鱼 500 克, 鸡蛋 150 克

配料 胡萝卜 50 克, 冬笋 15 克, 姜汁、精盐、高汤、味精、黄酒、胡椒粉、醋、湿淀粉、香油、葱花各适量

·操作步骤·

① 把鱼处理干净备用;冬笋削皮、洗净切丝备用;胡萝卜切丝备用。

② 将鱼放到蒸笼中蒸熟取出,剔净鱼骨,鱼肉撕成肉丝。

③ 炒锅放旺火上,添入高汤,打入鸡蛋,放入姜汁、胡萝卜丝、冬笋丝、葱花和鱼肉,再加精盐、味精、黄酒、胡椒粉调味。

④ 待汤沸后,用醋将湿淀粉兑开倒入汤内,出锅前淋入香油即可。

·营养贴士· 鲈鱼富含蛋白质、维生素 A、B 族维生素、钙、镁、锌、硒等元素。具有补肝肾、益脾胃、化痰止咳的功效,对肝肾不足的人有很好的补益作用。

·操作要领· 肉丝厚度应该不超过 0.5 厘米。

文思豆腐羹

主 料▶ 豆腐1块

配 料▶ 泡发冬菇、冬笋、木耳菜、盐、高汤、
水淀粉各适量

·操作步骤·

① 将豆腐切丝，放入清水中（用筷子轻轻
搅动）；泡发冬菇、冬笋、木耳菜分别
切细丝。其中，笋丝切好后应在沸水锅
中氽烫片刻捞出。

② 锅中加入高汤，下入冬菇丝、冬笋丝，
待汤煮沸时加入豆腐丝，用少许盐调味。

③ 分次倒入水淀粉烧烩一下，待汤汁变得
透亮浓稠时撒入木耳菜丝即可。

·营养贴士· 冬笋具有丰富的营养价值和医
药功能，能促进肠道蠕动，既
有助于消化，又能预防便秘和
结肠癌的发生。

鱼翅鸡羹

主 料▶ 鱼翅、鸡肉各适量

配 料▶ 鸡蛋4个、葱段、姜片、上汤、酒、
精盐、生粉、猪油各适量

·操作步骤·

① 鸡肉剁成细蓉状，加酒、精盐、蛋白搅
拌均匀（一个一个地加入蛋白，加够4
个即制成鸡蓉）。

② 锅置火上，倒入鱼翅、清水、葱段、姜片，
以小火煮15分钟，然后捞出鱼翅。再取
净锅，倒入上汤，放入鱼翅，以小火煮
约20分钟，捞出。

③ 净锅倒入猪油，烧热后倒酒，再倒入上汤，
放入鱼翅，加精盐调味，用生粉勾芡，
然后慢慢淋入鸡蓉，盛出即成。

·营养贴士· 鱼翅味甘咸性平，可以益气、
开胃、补虚。

冰糖木瓜雪蛤羹

主 料 木瓜 1 个，雪蛤 50 克

配 料 冰糖 30 克

准备好所需主材料。

将雪蛤放入蒸碗中，碗内放入适量水和冰糖，放入蒸笼内蒸熟。

将木瓜切除一小半，去籽后做成盅状。

将蒸好的雪蛤放入木瓜盅内即可。

操作步骤

营养贴士：雪蛤内含有丰富的不饱和脂肪酸、磷脂化合物、蛋白质、维生素，以及多种氨基酸和钾、钙、钠、锰、硒、磷等微量元素，是享誉国内外的营养保健佳品。

操作要领：雪蛤蒸制的时间以 45 分钟为宜。

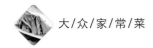
干贝烩玉米羹

主料 干贝 30 克，玉米粒（鲜）200 克，鸡蛋 100 克

配料 精盐、味精各 5 克，黄酒 8 克，淀粉（玉米）15 克

·操作步骤·

① 干贝放清水中泡软后上笼蒸 2 小时，取出用手捏碎；鸡蛋打散；玉米粒洗净备用。

② 锅内放足量清水，加干贝、玉米烧开锅后，加精盐、味精、黄酒，用淀粉勾芡，将鸡蛋淋入锅内即可。

·营养贴士· 此羹可补虚养身。

什锦**鸡蛋羹**

主料 鸡蛋 2 个，瘦肉末 50 克，香菇末、胡萝卜粒、青豌豆、玉米各少许

配料 辣椒酱、食用油各适量，精盐少许

·操作步骤·

① 鸡蛋兑入温水打散，放入蒸锅蒸熟备用。

② 锅中加少许油（一点点即可），油热后，分别下入瘦肉末和香菇末煸炒 1 ~ 2 分钟，再加入辣椒酱、玉米粒、胡萝卜粒、豌豆粒，调入盐。

③ 将炒好的食材调入蒸蛋中即可。

·营养贴士· 鸡蛋中的蛋白质对肝脏组织损伤有修复作用。